KÄFER

Text J. Zahradník
Illustrationen K. Hísek

MOSAIK VERLAG

Text: Dozent Dr. J. Zahradník
Illustrationen: K. Hísek
Ins Deutsche übertragen von J. Ostmeyer
Graphische Gestaltung: S. Valoušková
Schutzumschlaggestaltung: HTG-Werbung Tegtmeier + Grube KG
Printed in Czechoslovakia by Svoboda, Praha
ISBN 3-570-06056-X
3/10/08/52/01

INHALT

EINLEITUNG

Auf Wanderungen durch die Natur bleiben wir gern vor einem Heckenrosen- oder Holunderstrauch stehen, in dessen Blüten sich glänzende Goldkäfer oder behaarte Pinselkäfer den Pollen schmecken lassen. Am Waldrand erregt ein großer Laufkäfer unsere Aufmerksamkeit, der sich an seiner Beute, einer grauen Nacktschnecke, gütlich tut. Weiße Blütendolden verwandeln sich im Sommer vorübergehend in Miniatur-Käfersammlungen: Hier sonnen sich Marienkäfer, Pracht-, Schnell-, Blatt-, Bockkäfer und alles mögliche Käfer-Kleingetier. Mit Spannung verfolgen wir, wie Totengräber eine kleine Krötenleiche im Sandboden begraben, und ein Stück weiter, auf dem Wasserspiegel eines Teiches, führen uns Tummelkäfer ihren schimmernden Reigen vor. An einer anderen Stelle erheben absterbende Fichten und Kiefern anklagend ihre vertrockneten Äste und Kronen: ein Borkenkäferüberfall.

Käfer sind fast überall auf der Erde vertreten. Viele Menschen nehmen sie gar nicht wahr und wissen nichts von ihnen; trotzdem sind sie da in ihrer ungeheuren Anzahl, Mannigfaltigkeit und Bedeutung, sie haben sich einen festen und dauerhaften Platz in der Natur erobert. Viele von ihnen sind für Land- und Forstwirtschaft von großem Nutzen, andere erweisen sich als Schädlinge. Die meisten Käfer nehmen in dieser Beziehung eine neutrale Stellung ein.

Zahlreiche Veröffentlichungen befassen sich mit dem Leben der Käfer, Informationen über Systematik, Verbreitung, Lebensweise und Bedeutung der Käfer in der Natur nehmen ständig zu. Daher klingt es beinahe unglaublich, daß über zahlreiche Käfer bisher noch vieles unbekannt ist: wie sie leben und sich ernähren, wieviel Eier sie legen und an welchen Orten, wie ihre Larven aussehen, auf welche Weise und in welchem Tempo ihre Entwicklung vor sich geht, wie viele Generationen sie jährlich hervorbringen, wo sie vorkommen und wie lange sie leben. Die wissenschaftliche Bezeichnung und der Fundort sind die einzigen gesicherten Kenntnisse über manche Käfer. Das gilt vielfach auch von den gängigen europäischen Arten, zudem gehen die in der Fachliteratur gemachten Angaben häufig auseinander, vor allem, was die Lebensweise der einzelnen Arten betrifft.

Das Eindringen in das geheimnisvolle Leben der Käfer, reich an spannenden Augenblicken, ist nicht nur lehrreich, sondern auch verdienstvoll. Diese Arbeit geht nur langsam voran, sie erfordert viel Zeit und unendliche Geduld, denn sie trägt ihre Früchte in der Regel erst nach einigen Jahren. Erfolg hat nur, wer mit offenen Augen durch die Natur streift, doch bietet sich ihm dafür ein großartiges Erlebnis: Einblick zu nehmen in eine Welt für sich, voller Rätsel, in eine Welt, die den meisten Menschen unbekannt und unzugänglich bleibt.

In Europa leben mehr als 20 000 Käferarten. Manche treten häufig auf, andere selten, einige sind Raritäten. Für dieses Buch wurden 64 Arten ausgewählt, alle sind in ihrer natürlichen Umgebung abgebildet, gelegentlich auch ihre Larven und Puppen. Als Vorlage dienten lebende Exemplare. Die Auswahl richtete sich nicht nur nach der Häufigkeit des Vorkommens, sondern auch nach der Schönheit der Färbung und nach besonders interessanten Lebensabläufen.

Um dem Leser in dieser Einführung das Leben der Käfer in seiner Vielfalt und mit seinen interessanten Details nahezubringen, wurden zahlreiche Beispiele angeführt. Die im Text mit einem Sternchen gekennzeichneten Arten sind in diesem Band abgebildet.

WIEVIELE KÄFERARTEN LEBEN AUF DER ERDE?

Ehe wir auf diese Frage näher eingehen, ist es angebracht, in einem Rückblick auf vergangene Zeiten zu zeigen, wie und wann sich die Wissenschaft von den Käfern entwikkelt hat. Längst vergangene Kulturen, die mit großartigen Bauwerken, Skulpturen und Malereien in die Geschichte eingingen, hinterließen nicht gerade viele Zeugnisse über die Käfer. In der Zeit der ägyptischen Pharaonen und auch in der Römerzeit wurde der Pillendreher oder Scarabäus für heilig gehalten. Dieser Käfer tauchte schlagartig immer dann auf, wenn sich nach der Regenzeit die überschwemmte Landschaft wieder erholte. Man nahm an, daß er aus der Erde kommt und verehrte ihn als Auferstehungssymbol. Er wurde abgebildet, in Stein gemeißelt und auch als Amulett getragen.

Die alten Griechen und Römer kannten zweifellos die Spanische Fliege*, einen in südlichen Gegenden recht häufigen Käfer. Sie verwendeten das in ihm enthaltene giftige Cantharidin sowohl in der Heilkunde als auch zu weniger ehrenhaften Zwecken. Auch im Zeitalter der Renaissance war dieser Käfer sehr wohl bekannt.

Seit dem vierzehnten Jahrhundert wurde in Europa häufiger das starke Auftreten des Maikäfers* verzeichnet. Er löste mit den großen Schäden, die er offenbar anrichtete, so starke Befürchtungen aus, daß ihm die weltliche wie auch die geistliche Obrigkeit jeweils in eigener Weise den Kampf ansagten. Später tauchten Nachrichten über Käfer immer häufiger auf, man begann ihnen Aufmerksamkeit zu schenken, und eine ganze Reihe auffälliger bzw. bedeutender Arten wurde entdeckt. Im sechzehnten und siebzehnten Jahrhundert erschienen schon erste Beobachtungen über das Leben der Käfer im Druck, jedoch erst im achtzehnten Jahrhundert faßte der geniale schwedische

Naturforscher Carolus Linnaeus (Carl v. Linné) die damaligen Kenntnisse über die Tier- und Pflanzenwelt zusammen und ordnete sie in ein übersichtliches System ein. Er gab den Gattungen und Arten wissenschaftliche Namen, die er teils aus früheren Zeiten übernahm, zum größeren Teil jedoch selbst erfand. Linné schuf so eine feste Grundlage, auf der die folgenden zwei Jahrhunderte das komplizierte Käfersystem, das wir heute kennen, ausbauen konnten. Seit Linnés Zeiten kamen immer neue Arten hinzu, bis heute tauchen mit jedem Jahr hunderte, manchmal sogar tausende von neuen, bisher unbekannten Arten auf. Vor allem in den Tropen Afrikas, Südamerikas, Vorder- und Hinterindiens wie auch in den subtropischen Gebieten warten noch viele unbekannte Arten auf ihre Entdecker.

Die Zahl der bekannten Käferarten stieg im Laufe der Jahre stark an. Linné nannte in seinem Werk, dessen 10. kritische Ausgabe im Jahre 1758 erschien, ein paar hundert Arten. Etwa hundert Jahre später führte die Literatur schon 70 000 Arten auf. Diese Zahl stieg bis heute etwa auf das Fünffache an, so daß wir jetzt auf der Erde 330 000 bis 350 000 Arten kennen. Das ist nur eine ungefähre Zahl, denn es existiert kein Werk, das eine zusammenfassende Übersicht bieten könnte. Die jährlich neuentdeckte Vielzahl von Arten erlaubt die Annahme, daß in der Zukunft noch einige zehntausend Arten festgestellt werden. Die Schätzung, daß etwa eine halbe Million Käferarten unsere Erde bevölkert, hat also eine ganz realistische Grundlage.

In der Insektenklasse stellen die Käfer die artenreichste Ordnung dar, gleichzeitig sind sie auch die umfangreichste Gruppe im ganzen Tierreich.

In einer weltumfassenden Übersicht folgen innerhalb der Insekten auf die Käfer nur noch zwei Ordnungen, die mehr als 100 000 Arten umfassen: in erster Linie die Schmetterlinge *(Lepidoptera)* mit 150 000 Arten und die Hautflügler *(Hymenoptera)* mit knapp über 100 000 Arten. Den genannten läßt sich nur noch die große Ordnung der Zweiflügler *(Diptera)* zur Seite stellen, sie zählt ungefähr 90 000 Arten. Alle übrigen Ordnungen sind unvergleichlich weniger zahlreich, denn sie umfassen jeweils nur einige hundert bzw. tausend Arten, manchmal auch nur vereinzelte Arten.

Wie sehen die Zahlenverhältnisse der Arten in den klimatischen Bedingungen der gemäßigten Zone aus? Eigenartigerweise sind sie ganz anders als im weltweiten Rahmen. Die erwartungsgemäße Annahme, daß auch hier die Käfer als artenreichste Insekten erscheinen, ist irrig. In der mitteleuropäischen Insektenwelt halten die Hautflügler *(Hymenoptera)* mit mehr als 10 000 Arten die Spitze, die Käfer folgen ihnen mit 7000 Arten auf dem zweiten Platz. Ein Laie erwartet an dritter Stelle sicher die Schmetterlinge, die im weltweiten Maßstab den zweiten Platz einnehmen, doch ist auch diese Vermutung falsch. Auf die Käfer folgen die Zweiflügler *(Diptera),* auch mit etwa 7000 Arten. Ähnlich wie bei den Hautflüglern hat die Forschung in den vergangenen zwei Jahrzehnten auch bei den Zweiflüglern sehr viel geleistet, und die Zahl der erforschten Arten steigt sehr schnell. Die Schmetterlinge *(Lepidoptera)* stehen in unserer Rangordnung erst an vierter Stelle.

Wie alle anderen Insekten auch, gehören die Käfer zum Stamm der Gliederfüßler *(Arthropoda),* die den größten Tierstamm darstellen. Sein ungeheurer Artenreichtum, auf eine Million geschätzt, erschwert jedoch die Einordnung in die üblichen Abteilungen. Deshalb wird er, ehe man an die einzelnen Unterstämme dieses Riesenstammes herangeht, nach der Anordnung der Mundorgane in zwei Abteilungen geteilt. Die einen besitzen *Cheliceren* und *Pedipalpen,* zum Beispiel Spinnen, Milben, Skorpione, die anderen Oberkiefer *(Mandibeln)* und Unterkiefer *(Maxillen),* zum Beispiel Krebse, Krabben und Insekten. Die erste Abteilung heißt *Amandibulata,* die zweite *Mandibulata.* Die Mandibulata werden nach Form und Funktion der Atmungsorgane in zwei Unterstämme eingeteilt. Die Angehörigen des ersten atmen durch Kiemen *(brancheae),* daher heißt dieser Unterstamm *Brancheata* (Kiemenatmer). Zum zweiten gehören Arten, die durch Tracheen *(trachea)* atmen, sie bilden den Unterstamm *Tracheata.* Zu ihnen gehört auch die selbständige Klasse der Insekten *(Insecta)* mit ihren zwei Unterklassen. Zur zweiten Unterklasse, zu den *Pterygota*, gehört die riesengroße Ordnung der Käfer *(Coleoptera)*.

EIN KAPITEL KÄFERMORPHOLOGIE

Wer schon ein wenig über Käfer Bescheid weiß, kann sich kaum vorstellen, daß die Unterscheidung von Käfern und übrigen Insekten manch einem Schwierigkeiten bereitet. Schließlich sind die festen Flügeldecken und der flache, häufig breite Halsschild hinreichend charakteristische Merkmale, die sie von anderen Ordnungen unterscheiden. Trotzdem verwechseln auch gebildete Leute die Käfer leicht mit anderen Insekten, zum Beispiel mit Schaben oder Blattwanzen. Für viele ist alles, was kriecht und krabbelt, einfach ein Käfer, und so werden häufig Ohrwürmer, Heuschrecken und Larven als Käfer bezeichnet.

Beobachten wir einen Käfer näher, so fällt sofort die deutliche Gliederung des Körpers auf. Sehr leicht lassen sich drei Hauptteile erkennen: der Kopf, der anschließende Schild und die Flügeldecken. Obwohl das nicht ganz richtig ist, wird häufig gesagt: Kopf, Brust und Hinterleib, wobei mit Brust nur der Halsschild gemeint ist und mit dem Hinterleib alles, was unter den Flügeldecken sitzt. Später werden wir sehen, warum das verkehrt ist.

Der Kopf ist in der Regel nach vorn gerichtet und gut sichtbar, es gibt aber auch viele Käfer, die den Kopf nach unten geneigt tragen, wodurch er ganz oder teilweise unter dem Schild verschwindet und von oben nicht zu erkennen ist. Sein Vorderteil heißt Oberlippe *(Labrum),* an die sich der Kopfschild *(Clypeus)* anschließt. Von dem angrenzenden Stirnteil *(Frons)* ist er in der Regel durch eine Kerbe abgeteilt. Der Kopf trägt eine ganze Reihe von Organen und Anhängen, die für den Käfer lebenswichtig sind: an der Vorderseite die Beiß- und Tastwerkzeuge, seitlich die Augen und Fühler.

Die Oberkiefer *(Mandibeln)* erfüllen zwei Aufgaben. Mit ihnen wird die Nahrung erbeutet und grob zerkleinert.

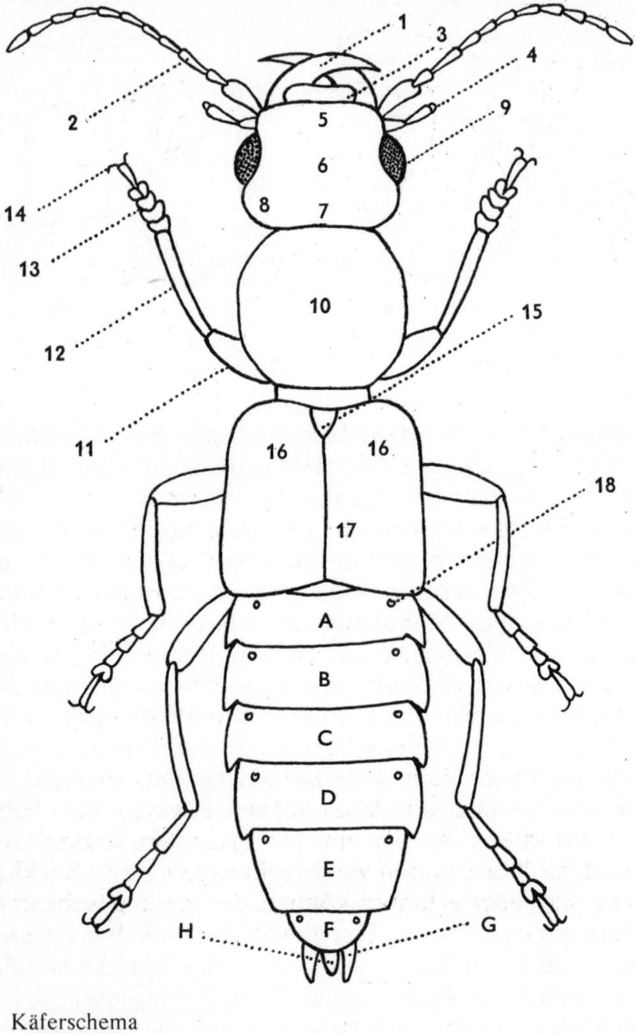

I. Käferschema
1 Oberkiefer *(Mandibeln)* 2 Fühler 3 Oberlippe *(Labrum)* 4 Kiefertaster *(Palpus maxillaris)* 5 Kopfschild *(Clypeus)* 6 Stirn 7 Scheitel 8 Schlafe 9 Facettenaugen 10 Schild *(Scutum)* 11 Schenkel 12 Schiene 13 Fuß 14 Fußkralle 15 Schildchen 16 Flügeldecken 17 Deckennaht 18 Atemöffnung A—H Hinterleibssegmente

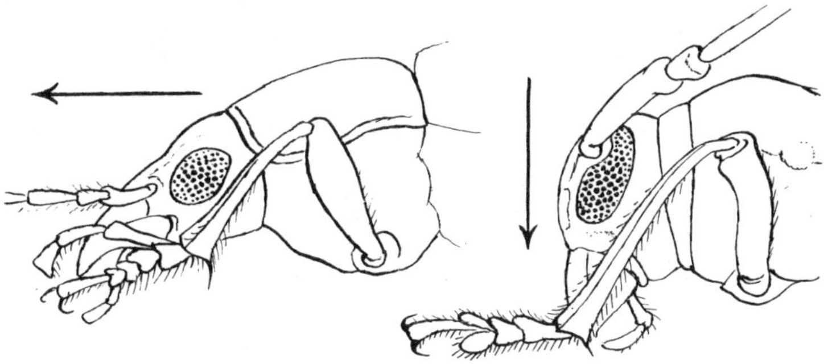

II. Kopfhaltung
links: vorgestreckt, rechts: abwärts geneigt

Größe und Form der Mandibeln sind sehr unterschiedlich. Sie können auffallend groß, aber auch recht klein ausgebildet sein und harmonieren durchaus nicht immer mit der Körpergröße des Käfers. Es gibt viele kleine Käfer mit mächtigen Mandibeln und große Arten, deren Organe im Verhältnis zum Körper zu klein geraten scheinen. Bekannt für ihre mächtigen Mandibeln sind Laufkäfer, Sandläufer, Schwimmkäferlarven, einige Kurzflügler und Bockkäfer mit ihren Larven. Von allen europäischen Käfern hat das Hirschkäfermännchen* die größten Mandibeln, geweihartig verästelt und voller Stacheln. Sie sind jedoch so gewaltig, daß sie nicht mehr zum Beißen dienen, sondern als Zierde, Waffe und als Männlichkeitsattribut, das beim Kampf mit einem Rivalen um ein Weibchen imponieren soll. Welche Kraft in den Beißwerkzeugen eines Bockkäfers sitzt, hat jeder erfahren können, der ihn ungeschickt in die Hand genommen hat. Der Bockkäfer fackelt nicht lange: er ist gewohnt, hartes Holz zu zerbeißen, die weiche Haut menschlicher Hände ist für ihn kein Problem!

Die Enden der Mandibeln sind scharf, die Innenseiten glatt oder gezahnt. Sie sind leicht gebogen und oft gekreuzt, bewegen sich meist von den Seiten, seltener von oben nach unten aufeinander zu. Die Oberlippe *(Labrum)* schützt sie von oben.

Die Oberkiefer stellen nur einen Teil des gesamten komplizierten Mundorgans dar. Sie sind nicht vollkommen genug ausgebildet, um die Nahrung ausreichend zu zerkleinern. Den Transport der Nahrung zur Weiterverdauung in die Mundöffnung übernehmen andere Werkzeuge, Unterkiefer oder Maxillen genannt. Sie sind paarig wie die Mandibeln, jedoch gegliedert. Mandibeln und Maxillen ergänzen sich bei der Arbeit zweckmäßig: Die Nahrung wird von den Mandibeln nur grob zermalmt, anschließend von den Maxillen kleingekaut und in die Mundöffnung geschoben.

Seitlich an den Unterkiefern sind Taster angebracht *(Palpi maxillares),* gleichfalls gegliedert. Unter anderem dienen sie dem Käfer zum Beschnüffeln der näheren Umgebung. Ähnlich wie von oben durch die Oberlippe, werden die Mundorgane von unten durch ein Plättchen geschützt, die Unterlippe *(Labium),* die eigentlich von einem weiteren, zusammengewachsenen Kiefernpaar gebildet wird. Auf dem Labium sitzt noch ein Tasterpaar, die Lippentaster *(Palpi labiales),* mit denen der Käfer seine Umgebung abtastet.

Die Fühler *(Antennae)* haben ursprünglich elf Glieder, es gibt aber sehr viele Ausnahmen und Abweichungen. Auch sie sind für den Käfer lebenswichtige Organe. In erster Linie sind sie vollkommene Geruchsorgane, deren Funktion nur schwer verständlich ist. Man muß dabei bedenken, daß manche Käfer bestimmte Duftreize über mehrere Kilometer hinweg wahrnehmen, ihr Geruchssinn ist also im Vergleich zum Menschen sehr viel besser entwickelt. Die Fühler lassen sich mit Dachantennen vergleichen, mit deren Hilfe man Wellen entfernter Sendestationen empfängt. Die eigentlichen Geruchssinnesorgane, mit denen der Käfer die nähere und weitere Umgebung wahrnimmt, sind kleine, an den einzelnen Fühlergliedern sitzende Sensillen. Die in der Regel dreiteiligen Fühler sind sehr vielgestaltig und weisen bei einigen Käfern interessante Abwandlungen auf. Bei der Käferbestimmung dienen Größe und Aussehen der Fühlerglieder als wichtiges Unter-

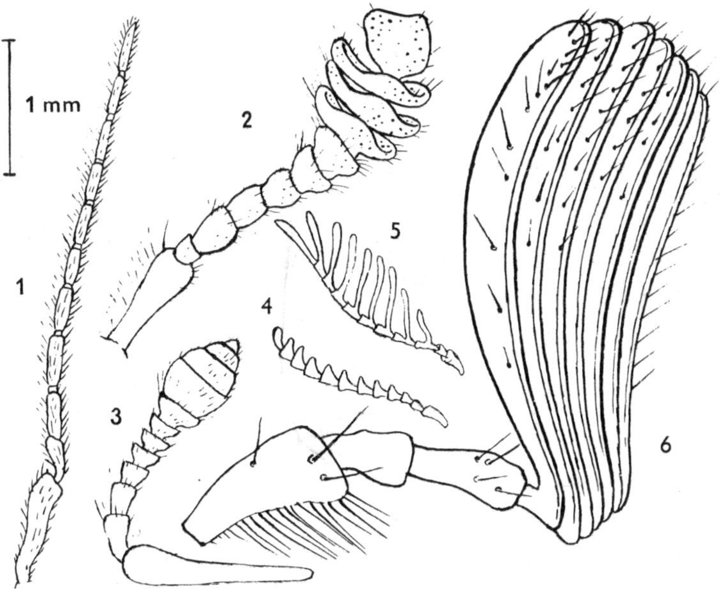

III. Einige Typen von Käferfühlern
1 Fadenfühler *(Uleiota planata)* 2 gekeulte Fühler (Gattung *Necrophorus*) 3 gekniete Fühler *(Hylobius abietis)* 4 gesägte Fühler (Gattung *Ptilinus*, Weibchen) 5 gekämmte Fühler (Gattung *Ptilinus*, Männchen) 6 Fächerfühler (*Melolontha melolontha*, Männchen). Alle Fühler sind in gleicher Größe dargestellt, Maßangabe: ein Millimeter.

scheidungsmerkmal. Sehr häufig kommen fadenförmige Fühler vor, aus dünnen, längeren oder kürzeren Gliedern bestehend, zum Beispiel bei Sandläufern, Lauf-, Schnell- und Bockkäfern. Perlschnurförmige Fühler haben kürzere, rundliche Glieder. Bei manchen Arten sind die Fühlerglieder an einer Seite stärker ausgezogen, ähnlich wie die Zähne einer Säge, deshalb heißen sie gesägte Fühler. Mit ihnen sind das Säge- oder Gerberbockmännchen*, viele Schnellkäfer und Prachtkäfer ausgestattet. Gekämmte

Fühler sehen ähnlich aus, nur ist bei ihnen dieser Ausläufer lang und dünn, so daß sie wirklich den Eindruck eines Kamms wecken. Deutlich heben sich von diesen Formen die gekeulten Fühler ab, deren Endglieder sich zu einer mehr oder weniger großen, jedoch gut wahrnehmbaren Keule verdicken. Sie erscheinen bei den *Clavicornia*, Totengräbern und auch anderen. Typisch für Rüsselkäfer ist ein kombinierter Typ: gekniet-gekeulte Fühler. Unter der Vielzahl von Fühlerformen sind vielleicht noch die fächerartigen geblätterten Fühler erwähnenswert, charakteristisch für die Blatthornkäfer *(Lamellicornia)*, besonders schön entwickelt beim Maikäfer* und beim Walker. Sie laufen in kleine, flache Blättchen aus, die dicht nebeneinander stehen. Der Käfer kann sie wie Spielkarten auffächern und die Sensillen auf ihnen dem Duftimpuls entgegenrichten. Einige Käfer haben verhältnismäßig lange Fühler, zum Beispiel alle Bockkäfer, einige Sandläufer, Laufkäfer, Weichkäfer und die Diebkäfer *(Ptinidae)*. Borken- und Marienkäfer haben im Verhältnis zur Körpergröße sehr kleine Fühler.

Form und Größe der Fühlerglieder verraten bei einigen Käfern das Geschlecht des Exemplares. So hat der Fühler der Maikäfermännchen ein Blättchen mehr als der des Weibchens, außerdem ist er oft sehr viel größer. Bei den Bockkäfermännchen sind die Fühlerglieder länger als bei den Weibchen, besonders beim Zimmermannsbock *(Acanthocinus aedilis)**. Durch die Form der Fühlerglieder unterscheiden sich die Geschlechter auch beim Sägebock *(Prionus coriaceus)*:* beim Männchen sind sie grob, beim Weibchen hingegen fein gesägt. Es kommt auch vor, daß die Männchen eine andere Fühlerform ausgebildet haben als die Weibchen, wie zum Beispiel bei der Schnellkäferart *Corymbites pectinicornis*, bei der die Männchen gekämmte, die Weibchen gesägte Fühler tragen. Auch bei den Blasenkäfern haben die Geschlechter verschiedene Fühler: die der Männchen sind stärker und auf halber Länge leicht geknickt.

Die meisten Käfer haben eine der beschriebenen gängigen Formen, bei einigen Gattungen und Arten haben sie sich jedoch der Lebensweise angepaßt und dementsprechend verändert. Die im Wasser lebenden Tummelkäfer *(Gyrinidae)* und Klauenkäfer *(Dryopidae)* haben kurze, dicke Fühler, die beim Schwimmen einen geringeren Widerstand leisten. Einige tropische Käfer sind mit recht merkwürdigen Fühlern ausgestattet, bei den *Paussidae* zum Beispiel haben sie Löffelform. Die bizarrsten Fühler unter den europäischen Käfern finden sich bei den Männchen der Gattung *Cerocoma*, die zur Familie der Blasenkäfer gehört. Sie haben elf unterschiedlich große Glieder mit zahlreichen seitlichen Ausläufern.

Nicht weniger wichtig als Beißwerkzeuge und Fühler sind die Augen. Sehen wir von den augenlosen Arten ab, die völlig blind sind und zum größten Teil tief in der Erde oder in Höhlen leben, finden wir bei den Käfern zwei gut erkennbare Facettenaugen vor. Sie sind flach oder gewölbt, rund, oval oder manchmal auch nierenförmig um das erste Fühlerglied angeordnet. Bei manchen Arten sind

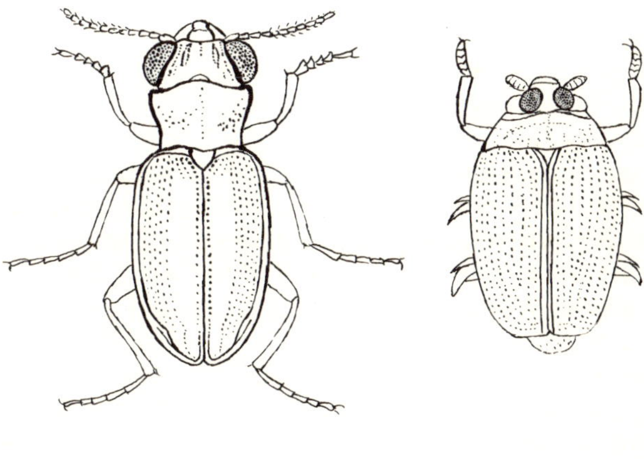

IV. Käfer mit auffallend großen Augen
links: *Notiophilus biguttatus*, rechts: *Gyrinulus minutus*

sie sehr klein, aber die überwiegende Mehrzahl hat auffallend große Augen. Jedes Auge besteht aus einer ungeheuren Anzahl kleiner Einzelteile, *Facetten* oder *Ommatidien* genannt. Wichtig für die Wahrnehmung ist die leichte Neigung, die jede Facette gegenüber der „Nachbarzelle" aufweist. Es wird angenommen, daß der Käfer eine Art Mosaik sieht — ein Bild, aus einer großen Anzahl kleiner Ausschnitte zusammengesetzt, denn jede Facette erfaßt nur einen winzigen Teil des Blickfeldes. Wer zum erstenmal das Auge eines großen Bockkäfers, Maikäfers oder Laufkäfers unter einem starken Mikroskop sieht, wird nicht nur von der regelmäßigen Anordnung der kleinen Felder, sondern auch von ihrer riesigen Anzahl, die in die Hunderte und Tausende geht, überrascht sein. Normalerweise sind alle Facetten im Käferauge gleich groß, es gibt aber einige Käfer, deren Lebensweise zwei Facettengrößen erfordert, zum Beispiel die Tummel- oder Drehkäfer.

Nur selten haben Käfer Nebenaugen *(Ocellen),* die bei den anderen Insekten in der Regel vorhanden sind.

Man nimmt an, daß der Sehvorgang bei den Larven wesentlich einfacher ist. Das ergibt sich aus der Tatsache, daß sie keine Facettenaugen, sondern nur einfache Augen *(Stemmata)* in seitlicher Anordnung haben.

Obwohl schon viele Forscher versucht haben, das Bild im Käferauge zu rekonstruieren, ist es immer noch recht schwierig, eine konkrete Vorstellung vom Sehvorgang des Käfers zu gewinnen. Von den meisten Käfern, wie auch von den übrigen Insekten, weiß man noch nicht einmal, ob sie ihre Welt farbig sehen. Ist das der Fall, so darf man sich das nicht wie beim Menschen vorstellen. Eine Blüte, die wir mit Überzeugung für weiß halten, muß einem Käferauge durchaus nicht weiß erscheinen. Es kann nämlich das zusammengesetzte weiße Licht in eine Reihe einfacher bunter Farben zerlegen.

An den Kopf schließt ein weiterer auffälliger Körperteil an — der Halsschild *(Scutum).* Gewöhnlich ist er flach und glatt, bei vielen Käfern ist er aber auf der Oberfläche mit vielen Auswüchsen oder Stacheln besetzt. Der Halsschild bedeckt das erste Brustglied, die Vorderbrust *(Prothorax).* Vom weiteren Brustglied, der Mittelbrust *(Mesothorax),* schaut nur ein kleines, meist dreieckiges Schildchen *(Scutellum)* in der Mitte zwischen der Flügeldeckenbasis hervor. Der Rest der Mittelbrust und die Hinterbrust *(Metathorax)* sind ganz von den Flügeldecken bedeckt. Der Halsschild wird also zu Unrecht als Brust bezeichnet. Um festzustellen, wie weit die Brust reicht, untersuchen wir den Käfer von unten. Die Brustglieder lassen sich mit Sicherheit daran erkennen, daß an jedem von ihnen ein Gliedmaßenpaar befestigt ist. Die Hinterleibsglieder sind fest an das letzte Brustglied angehängt.

Wie Bienen, Wespen und Schmetterlinge haben die Käfer zwei Flügelpaare. Das erste Paar sieht allerdings ganz anders aus, es ist hart und fest – die Flügeldecken *(Elytren).* Sie sind es, die den Käfer erst zum Käfer machen. In der Regel weisen sie keine Spur mehr von Äderung auf, nur gelegentlich sind zurückgebildete Chitinröhrchen erkennbar. Die Flügeldecken reichen gewöhnlich über den ganzen Hinterleib, nach ihnen hat die ganze Ordnung ihren Namen *Coleoptera* (von griechisch *koleos* – Etui, Behälter, *pteron* – Flügel). Aber auch hier gibt es Ausnahmen. Einige Käfer haben kürzere, manche nur ganz kurze Decken, die nur einen Teil des Hinterleibs bedecken. Ein gutes Beispiel dafür sind die Blasenkäfer, deren auseinanderstehende Flügeldecken nur einen Teil des dicken Hinterleibs bedecken, auch die kurzen Decken der Kurzflügler oder Raubkäfer zeigen das sehr gut.

Die Flügeldecken dienen sowohl zum Schutze des Hinterleibs, als auch des zweiten Flügelpaares, der Hautflügel, die unter ihnen zusammengefaltet liegen. Diese bilden den eigentlichen Flugapparat. Die Käfer fliegen nämlich nur durch Vibration des zweiten Flügelpaares. Ihr Flug läßt sich gut an größeren Exemplaren beobachten. Der Käfer öffnet vor dem Flug die Decken, entfaltet schnell die hinteren häutigen Flügel und erhebt sich in die Luft. Die Flügeldecken dienen in der Regel zur Stabilisierung und sind meistens schräg nach hinten aufgerichtet. Der Flug mit geschlossenen Decken ist eine Ausnahme, für die die Goldkäfer bekannt sind.

Über die Fluggeschwindigkeiten der Käfer liegen nur wenige genaue Forschungsergebnisse vor, die außerdem stark voneinander abweichen. Im großen und ganzen läßt sich sagen, daß die Käfer keine sonderlich guten Flieger sind. Ein Maikäfer legt in der Sekunde 2,2 m—3 m zurück, der Blaue Erlenblattkäfer *(Agelastica alni)* sogar nur 0,5 m. Einige Käfer sind völlig flugunfähig. Das hat zwei Gründe: entweder sind die unteren Flügel nicht entwickelt bzw. zurückgebildet (zum Beispiel bei den meisten großen Lauf- und Blasenkäfern), oder die Decken sind miteinander verwachsen, so daß sie sich nicht öffnen lassen. In Ausnahmefällen sind weder Decken noch Flügel ausgebildet, wie zum Beispiel bei einigen Leuchtkäferweibchen.

Decken und Schild sind häufig schwarz, grau oder braun, nicht selten haben sie auch leuchtend metallische Färbung. Die einfache Färbung kommt durch eigene Farbstoffe *(Pigmente)* zustande, die in den Zellen der Außenhaut eingelagert sind, der metallische Glanz durch die Lichtbrechung auf dem Käferkörper. Durch dieses Prinzip kommen die schönsten Farbgebungen bei den Käfern zustande, erinnert sei nur an einige Laufkäfer (Goldschmied und Goldglänzender Laufkäfer*), Blattkäfer, Birkenwickler, Gold- und Prachtkäfer.

Außer den Flügeln trägt die Brust noch Gliedmaßen, die unten an jedem Abschnitt angewachsen sind. Sie haben größtenteils einheitlichen Aufbau, doch eine Reihe von Beispielen zeigt, daß auch völlig andersartige Beinpaare vorkommen. An die Hüfte *(Coxa),* meist groß und flach, schließt sich ein kleiner, oft dreieckiger Schenkelring *(Trochanter)* an. Auf ihn folgt ein verhältnismäßig mächtiger und kräftiger Teil, der Schenkel *(Femur).* Er ist glatt, gelegentlich mit Haaren oder Stacheln versehen. An ihm hängt die Schiene *(Tibia),* in der Regel schwächer als der vorhergehende Teil, dafür sehr häufig stachelbesetzt. Den letzten Teil der Extremitäten bildet der Fuß *(Tarsus).* Seine Glieder sind entweder schmal und lang, wie bei den Sandläufern und Laufkäfern, oder kurz und breit, wie wir sie von den Marienkäfern kennen. Am letzten Fußglied ist eine Kralle *(Unguiculus)* angewachsen. Im Prinzip sind die Füße fünfgliedrig, häufig ist die Gliederzahl jedoch niedriger. Viele Käfer haben an allen Beinpaaren die gleiche Anzahl Fußglieder, bei einer Reihe von Gruppen treten Unterschiede in der Anzahl auf.

Die Gesamtgestalt des Beines hängt von der Aufgabe ab, die es zu erfüllen hat. So sind die Hinterbeine der Schwimmkäfer mit dichten Borsten besetzt, also gut zum Schwimmen geeignet. Die Vorderbeine der Tummelkäfer haben normale Form, aber das mittlere und hintere Beinpaar sind zu merkwürdigen Ruderfüßen umgestaltet. Käfer mit langen, schlanken Beinen sind gute Läufer, wie Laufkäfer, Sandläufer und Buntflügler beweisen. Käfer, die sich springend fortbewegen, haben stark entwickelte Schenkel an den Hinterbeinen. Zu ihnen gehören unter den europäischen Käfern nur kleinere Arten, zum Beispiel die Erdflöhe. Einige, besonders die Mistkäferarten, haben Grabfüße, mit denen sie für sich und ihre Eier Schächte ausheben. Auch die Totengräber besitzen Grabfüße, mit denen sie Tierleichen begraben. Laufkäfer und andere Fleischfresser haben an den Schienen der Vorderbeine kammartige Gebilde aus festen Borsten, mit denen sie Nahrungsreste von den Fühlern entfernen und die Sensillen sauberhalten.

Nicht selten bestehen auffallende Unterschiede zwischen den Gliedmaßen von Männchen und Weibchen, die durch die unterschiedliche Funktion der Geschlechter bedingt sind. So kann man die Laufkäfermännchen an den verbreiterten Fußgliedern des ersten Beinpaares erkennen, mit denen sie sich bei der Paarung an den Weibchen festhalten. Die Schwimmkäfermännchen haben zu diesem Zweck einen großen, kreisrunden Saugnapf an den Vorderbeinen, dazu verbreiterte Fußglieder am mittleren Beinpaar. Die Scheinbockmännchen (Familie *Oedemeridae*) haben auffallend verdickte Schenkel an den Hinterbeinen.

Den größten Körperteil des Käfers macht der Hinterleib *(Abdomen)* aus. Unter den Flügeldecken geschützt und verborgen, enthält er wichtige Organe, zum Beispiel Magen, Fortpflanzungs- und Ausscheidungsorgane nebst einem Fettgebilde. Die Einzelglieder des Hinterleibs sind durch eine dehnbare Membrane miteinander verbunden, so daß er sich, wenn nötig, ausdehnen kann. Das ist von Bedeutung für die Weibchen zur Zeit der Eierablage und auch sonst, wenn der Käfer auf eine reiche Nahrungsquelle gestoßen ist. Dann dehnt sich der Hinterleib so stark aus, daß er nicht mehr ganz unter den Flügeldecken Platz hat und unter ihnen hervorsteht.

Bei vielen Insekten läuft der Hinterleib in eine Legeröhre aus, die aber bei den Käfern nur selten entwickelt ist. Eine mit spitzen Widerhaken besetzte Legeröhre haben die Sandläuferweibchen, ein langes, am Ende wie abgeschnittenes Organ findet sich beim Zimmerbock *(Acanthocinus aedilis)**. Viele Käfer besitzen eine unechte Legeröhre. Sie besteht aus den letzten Körpergliedern, die sich lang ausziehen lassen und in den Boden oder unter Rindenschuppen gesteckt werden können (Sandläufer, Bockkäfer).

VOM EI ZUR IMAGO

Die Entwicklung der Käfer verläuft in ähnlicher Weise wie die von Schmetterlingen, Hautflüglern oder Flöhen. Aus den Eiern schlüpfen Larven, die allmählich heranwachsen und in das Ruhestadium der Puppe übergehen, um dann schließlich nach einiger Zeit als ausgewachsene Käfer das Licht der Welt zu erblicken.

Eine solche Verwandlung, in der neben das Larvenstadium auch eine Verpuppung tritt, heißt vollständige Verwandlung, fehlt das Puppenstadium, so spricht man von unvollständiger Verwandlung. Die einzelnen Entwicklungsstadien der Käfer ähneln einander überhaupt nicht und man ist überrascht, wenn man die unansehnlichen, dikken Larven der schönen Arten, wie zum Beispiel Gold- und Hirschkäfer sieht. Auch die längliche, mit sichelförmigen Beißwerkzeugen ausgestattete Schwimmkäferlarve verrät noch nichts über das spätere Aussehen der Imago.

Die Eierzahl der Käfer schwankt stark. Von vielen, vor allem von den kleineren Arten, weiß man bisher noch nicht, wieviel Eier sie legen. In der Regel ist die Menge der Eier vom weiteren Entwicklungsablauf abhängig. Käfer, deren Eier und Larven in ihrer Umgebung Schutz finden, legen weniger Eier als solche Arten, deren zukünftige Larven erst ihren Wirt finden müssen, oder solche, deren Nachkommen dem Zugriff zahlreicher Feinde ausgesetzt sind. Das wird an einigen Beispielen deutlich: Mistkäfer legen nur wenige Eier, denn sie können sie in unterirdischen Kammern und Gängen verstecken. Käfer, die ihre Eier im Holz ablegen, haben auch nicht viele: der Zimmerbock* durchschnittlich 40, der Hirschkäfer* etwa 50, der große Eichenbock* etwa 80. Käfer, die ihre Eier offen auf Blättern ablegen, müssen schon für eine größere Anzahl sorgen: der Siebenpunkt-Marienkäfer* ungefähr 600, Pappelblatt-* und Kartoffelkäfer* gleichfalls einige hundert. Die Blasenkäfer, deren Larven sich sehr kompliziert in den Behausungen wilder Bienen entwickeln, legen sogar einige tausend Eier. Das geschieht deshalb, weil viele Larven zugrunde gehen, da sie keinen Wirt finden können.

Der Entwicklungsprozeß beginnt eigentlich schon mit der Eiablage. Schon jetzt ist ein winziger Keim vorhanden, der sich bei den einen schneller, bei den anderen langsamer entwickelt. Schließlich reißt die Eierschale und eine kleine Larve kommt hervor. Nach einer kurzen Ruhepause gilt ihre erste Sorge der Nahrung, die meist schon in der Nähe bereitsteht. Die Larve wächst, und wenn ihr die Körperhülle zu eng wird, häutet sie sich. Dieser Vorgang wiederholt sich in der Regel noch zweimal, bei manchen Arten sogar noch öfter. Ausgewachsene Larven sind meist wesentlich größer als der Vollkerf, der fertige Käfer.

Ist die Larve herangewachsen, stellt sie die Nahrungsaufnahme ein und bereitet sich auf das Ruhestadium, die Verpuppung, vor. Im Boden lebende Larven verpuppen sich auch meistens dort und kommen normalerweise überhaupt nicht an die Oberfläche. Viele andere Arten suchen ebenfalls vor der Verpuppung unter der Erdoberfläche Unterschlupf, besonders diejenigen, die als Larven auf Blüten, Früchten und Blättern von Bäumen und anderen Pflanzen leben. Im Boden finden sie nämlich vor ihren Feinden besseren Schutz. Die Larve hebt sich in der Erde ein kleines Loch aus, Erdteile und eigene Ausscheidungen dienen ihr zur Herstellung eines kleinen Kämmerchens, in dem dann die weitere Entwicklung vonstatten geht. Es gibt aber auch genug Arten, deren Larven im Laub leben und sich auch dort verpuppen. Sie krallen sich an einem Blatt fest und bleiben mit dem Kopf nach unten hängen. Wieder andere, zum Beispiel die Borkenkäfer, verpuppen sich unter der Rinde, Bockkäfer, verschiedene Blatthornkäfer und Schnellkäfer im lebenden Holz oder im Mulm morscher Baumstümpfe und -stämme.

Eine Käferpuppe ist sehr eigenartig und auf den ersten Blick zu erkennen. Man nennt sie freie Puppe oder *Pupa libera,* da an ihr bereits Gliedmaßen, Fühler, Flügelansätze und gegebenenfalls auch die Beißwerkzeuge zu erkennen sind. An Form und Größe läßt sich auch oft das Geschlecht des künftigen Käfers bestimmen, wie etwa bei den Hirschkäfer- und Zimmermannsbockmännchen. Nicht selten kommt es vor, daß der Käfer schon im Herbst ausschlüpft, aber er fühlt anscheinend, daß ihn „oben" nur Regen, Wind, Kälte und Nahrungsmangel erwarten, und so verläßt er lieber seinen Unterschlupf nicht und verbringt den Winter unter der Erde.

Gewöhnlich spielt sich der ganze Entwicklungsprozeß innerhalb eines Jahres ab, nicht selten jedoch zieht er sich über mehrere Jahre hin. So kommt es, daß die Lebensdauer der Larve um ein Vielfaches länger sein kann als die des ausgewachsenen Käfers. Allgemein bekannt ist, daß Maikäfer, Hirschkäfer und andere Blatthornkäferarten einen mehrjährigen Zyklus durchlaufen. Auch einige Nagekäfer *(Anobiidae)* und viele Bockkäfer brauchen zu ihrer Entwicklung mehrere Jahre. Den Rekord hält offensichtlich der Hausbock *(Hylotrupes bajulus).* Seine Larven leben in der Regel ein paar Jahre, sogar ein fünfzehn Jahre altes Exemplar konnte festgestellt werden.

Bei Käfern, deren Entwicklung sich schnell vollzieht, treten in einem Jahr zwei und mehr Generationen auf; nach Süden, zu den Subtropen und Tropen hin, nimmt die Häufigkeit dieser Erscheinung zu. Der weitverbreitete Siebenpunkt-Marienkäfer* bringt zwei Generationen hervor, manche Blattkäfer zwei bis drei. Mehrere Generationen wurden bei vielen Schädlingen festgestellt, zum Beispiel beim Buchdrucker*, Ulmensplintkäfer*, Kartoffelkäfer*, Pappelblattkäfer* und anderen. Genauso wie die Dauer der Larvenentwicklung, weist auch die Lebensdauer der Vollkerfe große Unterschiede auf. Sie schwankt zwischen einigen Tagen und mehreren Jahren. Häufig ist sie kürzer als das Larvenstadium, nur gelegentlich länger. Im Durchschnitt leben Käfer nur einige Tage bzw. Wochen. Der schon erwähnte Hausbock, dessen Larve mit einigen Lebensjahren schon ein beträchtliches Alter aufweist, lebt selbst nur acht bis sechzehn Tage. Der Halsgruben- oder Feldbock *(Criocephalus rusticus)* stirbt im Alter von sechs Wochen. Der Hirschkäfer*, dessen Entwicklung fast fünf Jahre dauert, freut sich seines Lebens normalerweise nicht länger als vier Wochen. Ähnlich der Maikäfer*: er stirbt nach vier bis fünf Wochen, nachdem er als Engerling drei bis vier Jahre durchmachen mußte. Ein etwas höheres Alter — einige Monate — erreicht der Nashornkäfer*. Die Gelbrandkäfermännchen* leben ungefähr ein Jahr, die Weibchen anderthalb. Große Laufkäferarten werden verhältnismäßig alt — ihr Alter schwankt zwischen einigen Monaten und zwei Jahren. Auch der berüchtigte Kartoffelkäfer* wird zwei Jahre alt. Zu den Veteranen unter den Käfern gehört der Puppenräuber*, der zwei bis drei, in Ausnahmefällen auch vier Jahre lebt, gleichfalls der große braune Rüsselkäfer*, der drei Jahre alt wird.

Es ist interessant, daß viele Käfer in Gefangenschaft ein höheres Alter erreichen als in der freien Natur. Den Beweis dafür lieferten Schwimmkäfer: Gelbrandkäfermännchen* wurden im Aquarium zwei bis vier Jahre gehalten, ein Gauklerweibchen *(Cybister laterimarginatus)* wurde im Aquarium sogar fünfeinhalb Jahre alt!

Die kurze Lebensdauer erlaubt es kaum, das Alter eines Käfers zu bestimmen, außerdem weisen lebende Exemplare keine Altersspuren auf. Bei den Laufkäferarten zeigt sich das Alter dadurch, daß sie die Fühler- und Fußendglieder verlieren, andere „Käfergreise“ zeichnen sich durch größere Langsamkeit aus.

Die Nachkommen von Säugetieren, Vögeln, gelegentlich auch von Fischen und Amphibien wären nicht lebensfähig, wenn nicht die Eltern, häufig nur die Weibchen, eine gewisse Zeit für sie sorgten. Jeder weiß, daß diese Tiere Brutpflege betreiben. Weniger bekannt ist, daß sich auch die Käfer in gewisser Weise um ihre Nachkommen kümmern.

In der einfachsten Form besteht diese „Brutpflege“ darin, daß der Käfer lediglich einen geeigneten Platz für seine Eier aussucht, an dem sie vor der Witterung und allen möglichen Feinden einigermaßen geschützt sind. Einige Arten tun jedoch mehr: sie stellen aus verschiedenen Materialien Behälter oder Kapseln her, die die Eier ausreichend schützen. Der Schildkäfer* scheidet aus seinen Drüsen einen geeigneten Werkstoff aus, die Weibchen der Kolbenwasserkäfer* weben aus seidenähnlichen Fasern ein Täschchen, legen ihre Eier hinein, verschließen es und lassen es auf der Wasseroberfläche treiben. Manche Käfer suchen zur Eiablage solche Stellen auf, an denen die Larven sofort Futter finden. Das Maikäferweibchen* legt seine Eier in die Erde, wo für die geschlüpften Larven, die Engerlinge, feine Pflanzenwurzeln als Futter schon bereitstehen. Hirschkäfer* und Bockkäfer legen ihre Eier in morsche Stämme und Baumstümpfe, die den ausgeschlüpften Larven Nahrung bieten.

Oft sind Käfer gezwungen, einen Unterschlupf erst zu bauen oder zu nagen, wie die Borkenkäfer, die unter der Baumrinde Gänge aushöhlen und an deren Endpunkten Eier ablegen. Die hier ausschlüpfenden Larven gelangen unmittelbar in den Bast oder ins Holz des Baumes, von dem sie sich ernähren. Die Mistkäfer graben einen unterirdischen Gang, den sie nach seiner Fertigstellung mit Kot anfüllen. Davon ernähren sich die Larven während ihrer ganzen Lebensdauer. Auch die Birkenblattroller oder Trichterwickler bauen Verstecke. Als Baumaterial dienen ihnen Blätter, die sie zu Röhrchen oder Trichtern zusammenrollen. In diese Behälter legen sie ihre Eier ab. Er schützt die Eier und bietet obendrein den Larven Nahrung: sie fressen die welken Blattfasern.

Durch eine vollendete Brutpflege zeichnen sich die Totengräber aus. Haben sie einen toten Tierkörper gefunden und begraben, legt das Weibchen seine Eier in unmittelbarer Nähe ab und wartet dann in geringer Entfernung, bis die ersten Larven ausschlüpfen, um sie in der ersten Zeit selbst zu füttern. Auch die Mistkäferart *Copris lunaris* verweilt in einem unterirdischen Versteck bei ihren Larven, sie wartet sogar ihre Verpuppung und schließlich das Ausschlüpfen der jungen Käfer ab. Zu einer solchen, in der

Käferwelt recht seltenen Begegnung des Muttertieres mit seinen Jungen kommt es auch beim ungleichen Holzbohr-Borkenkäfer *(Xyleborus dispar)*. Das Weibchen dieser Art nagt im Holz ein komplettes Gangsystem. In diese Muttergänge „sät" es Pilzsporen und legt Eier ab. Die ausschlüpfenden Larven müssen sich weder um Futter noch um Larvengänge kümmern. Das Muttertier sorgt ständig um Reinheit der Gänge, kriecht sie durch, hält sie sauber und jätet sogar die Pilzfasern. Es sorgt sogar um günstige Erhaltung des Feuchtigkeitgrades. Aus Bohrmehl klebt das Weibchen Klumpen zusammen, mit denen es die Eintrittslöcher verkorkt, bei günstiger Feuchtigkeit beseitigt es diese. Die Larven verpuppen sich in Wiegen, von denen noch während des Lebens des Muttertiers junge Käfer ausschlüpfen.

WACHSTUM ODER FESTGELEGTE GRÖßE INNERHALB EINER ART

Bei Laien herrscht häufig die Ansicht, daß die Käfer während ihres Lebens wachsen. Das kommt offensichtlich daher, daß innerhalb einer Art größere und kleinere Exemplare auftreten. Die kleineren werden für junge, die großen für alte, ausgewachsene Tiere gehalten. Käfer wachsen aber genauso wenig wie Schmetterlinge, Bienen, Wespen, Fliegen oder Flöhe, ihre Größe steht beim Ausschlüpfen aus der Puppe endgültig fest. Woher rührt also die unterschiedliche Körpergröße? Schließlich mißt der bekannte Moschusbock *(Aromia moschata)** manchmal nur 13 mm, manchmal sogar 34 mm! Die Erklärung hierfür ist einfach: Die Größe eines Käfers steht schon vor seinem Ausschlüpfen fest, sie wird von den Bedingungen bestimmt, unter denen die Larve aufwächst. Nahrungsmangel und anderweitige ungünstige Umstände haben unzureichende Entwicklung zur Folge, was sich auf die Größe des Käfers auswirkt. Auch führt er unter Umständen zur Verlängerung des Larvenstadiums.

Zu den kleinsten Käferarten gehören die Haar- oder Federflügler, auch Zwergkäfer genannt *(Ptiliidae),* sie messen nur Bruchteile von Millimetern. Sehr viele Käfer gibt es in der Größe zwischen einem und drei Millimetern, unter anderen aus den Familien *Liodidae, Clambidae, Scydmaenidae, Pselaphidae, Clavigeridae,* einige Wasser- und Kurzflügelkäfer, zahlreiche Rüsselkäfer und viele andere. Eine Durchschnittsgröße von fünf bis zehn, sogar zwölf Millimetern erreichen viele Marienkäfer, Blattkäfer, Rüsselkäfer, Buntflügler, Kurzflügler und Laufkäfer. In der Größenrangordnung folgen dann die Schnell- und Prachtkäfer, größere Kurzflügler und endlich die größten europäischen Käfer, die Blatthornkäfer *(Lamellicornia),* vor allem der Hirschkäfer*, der Nashornkäfer*, der Walker *(Polyphylla fullo)*, ferner größere Schwimmkäfer wie z. B. der Breitrandkäfer *(Dytiscus latissimus)* — der größte dieser Familie —, große Laufkäferarten, etwa der Lederlaufkäfer* und der blaue Laufkäfer*, die Bockkäfer, vor allem der große Eichen- oder Spießbock*, der Moschusbock*, sowie noch einige andere.

Die größten Käferarten überhaupt sind in den Tropen zu finden. Dort lebt der 16—18 cm lange Herkuleskäfer *(Dynastes hercules)* aus der Familie *Scarabaeidae* und der 20 cm lange urtümliche Bock *(Titanus giganteus)* aus der Familie der Bockkäfer *(Cerambycidae)*. Diese beiden Familien rechnen die größten und schwersten Käferriesen zu ihren Angehörigen.

Viele Familien bestehen aus Arten, unter denen keine besonderen Größenunterschiede vorkommen, etwa die Zwergkäfer *(Ptiliidae)*. Zu dieser Familie gehören nur kleine und einander auffallend ähnliche Arten. Auch die *Scydmaenidae* und *Liodidae* (Schwammkugelkäfer) sind in dieser Hinsicht sehr einheitliche Familien. Bei den etwas größeren Marien-, Borken- und Samenkäfern sind die Größenunterschiede ebenfalls minimal. Dagegen stehen in anderen Familien Zwerge neben Riesen, sie enthalten Arten, deren Größenunterschiede sogar in Zentimetern meßbar sind. In der bekannten und in der europäischen Fauna weit verbreiteten Familie der Hirschkäferartigen *(Lucanidae)* dominiert der Hirschkäfer *(Lucanus cervus)* mit seinen 3,3—7,5 cm Länge, zu ihr gehört aber auch der wesentlich kleinere, nur 12—16 Millimeter lange Kopfhornschröter *(Sinodendron cylindricum)*. In der tropischen Tierwelt hat diese Familie noch größere Angehörige als unseren heimischen Hirschkäfer. Ähnliche Größenunterschiede kommen auch bei den Bockkäfern *(Cerambycidae)* vor. Der Mulmbock *(Ergates faber)* erreicht als größter eine Länge von 23—60 Millimetern, der kleinste, der Pflaumenbock *(Tetrops praeusta)* mißt nur 3—4 Millimeter. Bezieht man in diesen Vergleich auch noch den 20 cm langen tropischen Bockkäfer *Titanus giganteus* ein, so fallen diese Unterschiede noch mehr ins Auge.

KÄFERBEHAUSUNGEN VOM FRÜHLING BIS IN DEN WINTER

Wälder, Felder, Gewässer, Gebirge und nicht zuletzt die Häuser und Gebäude des Menschen sind die häufigsten Aufenthaltsorte der Käfer. Orte mit betoniertem, asphaltiertem und gepflastertem Boden sowie Orte ohne jedes Grün, an denen die Exhalation von Industrie und Motoren alles Leben ersterben läßt, meiden sie.

Die wärmenden Strahlen der Frühlingssonne locken viele verschiedene Käfer auf die ersten Blüten: Goldkäfer, Pinselkäfer, Bock-, Marien-, Prachtkäfer, Schnellkäfer oder Schmiede, Glanzkäfer, Stachelkäfer und viele andere. Die einen lassen sich Blütenstaub und Nektar schmecken, andere suchen hier Beutetiere oder wollen ihre Eier ablegen. Auch im Laub halten sich viele Käfer auf. Einige von ihnen, zum Beispiel Blattkäfer, Rüsselkäfer, Maikäfer und eine Reihe anderer, ernähren sich von pflanzlichem Gewebe. Die Marienkäfer suchen auf den Blättern ihre Beute, nämlich Blatt- und Schildläuse.

Viele Käfer lieben das Licht nicht. Tagsüber halten sie sich unter Stämmen und Steinen, auch im Laub oder unter der Erdoberfläche verborgen. Zu ihnen gehören Laufkäfer, viele Kurzflügler und Mistkäfer. Mit der Dämmerung oder auch erst im Dunkeln kommen sie hervor und gehen auf die Jagd nach Weichtieren und Larven oder sammeln alle möglichen organischen Stoffe.

Eine große Zahl von Käfern lebt in lebendem und totem Holz oder unter der Baumrinde. Bock- und Prachtkäferlarven bohren sich lange Gänge in die Rinde und ins Holz, die Borkenkäfer sind geradezu auf das Leben unter der Rinde und im Holz spezialisiert. Dort legen sie auch ihre Eier ab, und ihre Larven beißen später unter der Rinde das charakteristische Fraßbild heraus. Zwischen Rinde und Holz halten sich aber auch andere Käfer auf: solche, die den Borkenkäfern, ihren Larven und Puppen nachstellen. Die wichtigsten sind einige Buntkäferarten, Kurzflügler und Glanzkäfer. Auch frisch verletzte Bäume, aus denen Saft quillt, werden fleißig von Käfern aufgesucht, da der süßliche Saft eine bevorzugte Nahrung darstellt. Das ist etwas für Hirschkäfer, Bockkäfer, Goldkäfer, Clavicornia und Schnellkäfer. Tote tierische und pflanzliche Organismen, häufig schon in fortgeschrittenem Verwesungsstadium, locken gleichfalls allerlei Käfer an, die sogar aus größeren Entfernungen herbeigeflogen kommen. Die bekanntesten sind wohl die Totengräber, die in erstaunlich kurzer Zeit Leichen kleiner Säugetiere, Vögel, Reptilien oder Amphibien begraben. Diese Kadaver dienen später den Käferlarven als Nahrung. An die Überreste machen sich Aaskäfer und Kurzflügler heran und suchen in ihnen Fliegenlarven. Nicht umsonst werden Totengräber, Aas- und Kurzflügelkäfer „Gesundheitspolizei des Waldes" genannt. In ihre Reihe gehören auch die Mistkäfer. Sie verarbeiten zwar keine Tierkadaver, aber dafür suchen sie Exkremente von Säugetieren und Vögeln, die sie vergraben und die als Nahrung für sie und ihre späteren Larven dienen. Es gibt aber auch Feinschmecker unter den Käfern, die gerne an Wald- und Gartenfrüchte gehen. Im Hochsommer wimmeln viele Pilze vor Käfern; manche entwikkeln sich direkt in ihnen, andere fressen sie nur an.

Das Wasser in Tümpeln, Teichen, Bächen und Flüssen, auch in kurzzeitigen Pfützen auf Waldwegen beherbergt viele hundert Käferarten, das Salzwasser der Meere wird von ihnen jedoch gemieden.

Auch die Wüste, die oft für leblos gehalten wird, weist eine unglaublich reiche Fauna auf. Die hier lebenden Käfer müssen sich den harten Klima- und Bodenbedingungen allerdings besonders gut anpassen. Meist sind sie hell gefärbt, haben stark gewölbte Flügeldecken und lange Beine, mit denen sie sich im hohen Sand sicher fortbewegen können.

Viele Käfer suchen die Nester anderer Insektenarten und die Behausungen von Säugetieren und Vögeln auf, um sich hier niederzulassen. Zwischen diesen Käfern und ihren Wirten entwickeln sich beachtenswerte Beziehungen, die von der Symbiose bis zum Schmarotzertum reichen. Am interessantesten in dieser Hinsicht ist das Zusammenleben von Käfern und Ameisen bzw. in den Tropen mit Termiten. Die in Ameisenhaufen lebenden Käfer passen sich vollendet an. Während des langen Zusammenlebens mit diesem Wirt haben die meisten Arten merkwürdige Formen angenommen und sehen nicht mehr wie typische Käfer, sondern eher wie Ameisen aus. Die Gemeinschaft mit den Ameisen bietet eine Reihe von Vorteilen. In den einfachsten Fällen geht es nur um Schutz, lebensnotwendige Feuchtigkeit und relativ gleichbleibende Temperatur, die ein Ameisenhaufen bietet. Andere lockt die Beute, die dort immer in Reichweite ist. Manche Arten begnügen sich mit Nahrungsüberresten, Hüllen gehäuteter Larven usw., andere gehen gern auf Ameisenjagd, erbeuten dabei auch Eier und Larven. Seltsamerweise dulden die Ameisen solche Gewalttäter nicht nur, sondern hegen sie geradezu. Diese Käfer scheiden nämlich einen süßen Saft aus, der den Ameisen zur Bereicherung ihres Speisezettels dient. Manche der in Ameisenhaufen lebenden Käfer lassen sich von ihren Wirten füttern. Dabei bedienen sie sich der gleichen Taktik wie die Ameisen: mit ihren Fühlern streicheln sie ein Tier so lange, bis es ein Tröpfchen süßen Saft absondert.

Etwas anderes ist die Stellung solcher Gäste in den Nestern wilder Bienen und Wespen. Die Käferlarven schmarotzen auf Kosten des Bienen- und Wespennachwuchses. Die ausgeschlüpften Käfer verlassen in der Regel ihre Wirte und fliegen davon.

Eine besonders reiche Käferwelt bevölkert Vogelnester und Säugetierbehausungen. Hier kommen Dutzende von Arten vor. Sie ernähren sich von Futterabfällen, Feder- und Pelzteilchen.

Im unterirdischen Dunkel und in der angenehmen Feuchtigkeit von Höhlen entwickelte sich im Laufe der Geschichte eine eigene, artenreiche Käferfauna. Alle haben sich ihren Behausungen entsprechend angepaßt, größtenteils sind sie blind, haben dafür aber einen ausgezeichneten Tast- und Geruchssinn. Falls bei einigen Arten noch Augen ausgebildet sind, so haben diese schon längst ihre Sehfunktion eingebüßt.

Viele Käfer haben Gefallen an menschlichen Behausungen gefunden, vor allem da, wo die Bewohner nicht allzu ängstlich auf Sauberkeit bedacht sind. Für einen aus dem Urlaub zurückkehrenden Wohnungsinhaber können Käfer manche nette Überraschung bereithalten: zerfressene Brotreste in der Speisekammer, kahlgefressene Stellen auf Pelzen, im Bücherschrank durchlöcherte Seiten alter, ledergebundener Bücher, zerfressene alte Handschriften und ähnliches. In Holzbauten fühlen sich Poch- oder Nagekäfer und vor allem der Haus- oder Balkenbock *(Hylotrupes bajulus)* wohl. Pochkäfer erkennt man an den vielen feinen Löchern im Gebälk und in alten Möbeln. Der Hausbock zeigt sich erst, wenn seine Larve ihre jahrelange Fraßarbeit im Holz beendet hat.

Von den Wohnungen ist es nur ein kleiner Schritt zu den Lebensmittellagern. Manche Arten lassen sich Schokolade, Reis, Erbsen, Bohnen, Soja, Weizen oder Mehl schmecken, andere stellen den Larven und Puppen dieser Käfer nach. Der Speck- oder Pelzkäfer sowie der Knollenkäfer haben sich auf Jagdtrophäen und ausgestopfte Tiere in allen möglichen Sammlungen spezialisiert. Eigenartigerweise üben auch die vertrockneten Körper in Insektensammlungen einen starken Reiz auf sie aus. Die Larven dieser Käfer verwandeln in kürzester Zeit eine schöne Schmetterlings- oder Käfersammlung in ein klägliches Staubhäufchen.

Jede Jahreszeit stellt sich mit eigenen Käfern vor. Sie erscheinen plötzlich und verschwinden nach ein paar Tagen oder Wochen wieder. Einer ganzen Reihe kann man jedoch vom Vorfrühling bis in die letzten Herbsttage begegnen. Frühling und Sommer weisen natürlich das reichste Käfervorkommen auf. Mit den ersten Frühlingstagen erscheinen Marienkäfer, Glanz- und Blasenkäfer, Sandläufer, kleine Laufkäferarten, Mist- und Dungkäfer, Kurzflügler, Wasserkäfer, kleinere Rüsselkäfer, Borkenkäfer, Zimmermanns- und andere Bockkäfer, um einige Gattungen zu nennen. Die ersten warmen Maitage bringen Goldkäfer, Maikäfer, Rüssel-, Weich- und Schnellkäfer zum Vorschein, zu denen sich auch verschiedene Laufkäfer gesellen. Der Juni bringt von den bekannten Arten die Hirschkäfer*, Leuchtkäfer, Prachtkäfer, viele Bockkäferarten, Tummel- und Schwimmkäfer, Blattkäfer, Pelz- und Knollenkäfer. Gegen Ende des Sommers findet man meist große Laufkäfer, Marienkäfer der späteren Generation, Blattkäfer und Sommerarten der Bockkäfer. Zu Beginn der Pilzsaison treten neue Käfer auf, vor allem aus der Gruppe *Clavicornia* und Kurzflügelkäfer. Nähert sich dann der Herbst mit kürzeren Tagen und den ersten kühlen Abenden, nehmen die Käfer sehr schnell ab. Außer den Arten, die das ganze Jahr über anzutreffen sind, findet man jetzt häufiger Mistkäfer, gelegentlich auch große und kleine Laufkäfer und einige Bockkäferarten. In dieser Zeit schlüpfen auch die Fächerkäfer *(Rhipiphoridae)* aus und verlassen die Wespennester, in denen sie als Larven zu Gast waren. Der Herbst bringt den Tod der alten Käfergeneration, die jungen Käfer suchen sichere Quartiere auf und überstehen schlafend die todbringende Winterkälte.

BILDTAFELN

Der Begleittext zu den einzelnen Tafeln informiert über die grundlegenden biologischen Daten und über alles, was im Leben der Käfer von Interesse ist. Die an einigen Bildtafeln angegebenen Zeichen erläutern, ob es sich um ♂ = Männchen oder um ♀ = Weibchen handelt.

Feld-Sandlaufkäfer

Feldsandkäfer
Cicindela campestris L.

Sandläufer
Cicindelidae

Die Sandläufer stellen innerhalb der europäischen Fauna eine in Aussehen und Lebensweise sehr einheitliche Familie schlanker und sehr beweglicher Käfer dar. Ihr häufigster Vertreter ist der Feld-Sandlaufkäfer oder auch Feldsandkäfer. Er tritt mit dem Frühlingsanfang auf und bewegt sich laufend, über kurze Strecken auch fliegend, auf durchsonnten Wald- und Feldwegen, an Rainen und auf sandigen Hängen. Er ist ziemlich scheu, wittert einen Menschen oder ein größeres Tier schon über eine Entfernung von drei Metern und fliegt sofort davon. Als Fleischfresser jagt er Larven und Imagines aller möglichen Insekten. Trotz seiner mächtigen, gezahnten Oberkiefer ist er nicht imstande, seine Nahrung zu zerbeißen, sondern scheidet seine Magensäfte auf die Beute aus und zersetzt sie so außerhalb seines Körpers. Erst in aufgelöster Form nimmt er die Nahrung zu sich.

Das Weibchen legt seine Eier im Boden ab. Aus ihnen schlüpfen Larven, die sich in einem zehn bis fünfzig Zentimeter langen Röhrengang aufhalten. Sie sitzen in der Öffnung dieser Röhre, den Körper fest gegen die Wandung gestemmt, so daß der breite Kopf und die Vorderbrust den Röhrengang pfropfenartig verschließen. Auch die Larve ist ein Fleischfresser. Nach ihrem Heranwachsen begibt sie sich an den Endpunkt der Röhre und verpuppt sich. Der Käfer schlüpft normalerweise nach ein bis zwei Wintern aus, in höheren Lagen kann sich die Entwicklung über vier Jahre hinziehen.

Größe:
12 bis 15 mm

Vorkommen:
Niederung
bis Gebirge

Verbreitung:
ganz Europa
Sibirien
Nordafrika
Nützlich

Großer Kletterlaufkäfer

Puppenräuber
Calosoma sycophanta L.

Laufkäfer
Carabidae

Der große Kletterlaufkäfer, auch Puppenräuber genannt, ist ein wunderschöner naher Verwandter der großen Laufkäfer und hält sich mit seinen Larven auf Bäumen auf. Er jagt Schmetterlingsraupen und -puppen, vor allem die Raupen von Großkopf-Aprikosenspinnern, Fichtenspinnern, Nestraupenspinnern, Kiefernspinnern, Prozessionsspinnern und anderen Laub- und Nadelwaldschädlingen.

Die Käfer sind tüchtige Flieger und erscheinen Anfang Juni in den Wäldern, zu einer Zeit also, in der sie und ihre künftigen Nachkommen reichlich Nahrung finden. Bis Ende August hält er sich auf den Bäumen auf. Seine Nahrungsaufnahme in diesem Zeitraum ist beachtlich: einem einzelnen Käfer fallen etwa 400 Raupen zum Opfer. Rechnet man die Beute der Larven hinzu, so wird die Bedeutung des Puppenräubers für die Forstwirtschaft deutlich, und es wird klar, weshalb er geschützt werden muß.

Das Weibchen legt über hundert Eier ab. Gegen Ende des Sommers verkriechen sich die Käfer in die Erde und überwintern. Sie kommen in der folgenden Saison wieder zum Vorschein, da ihre Lebensdauer zwei bis drei Jahre beträgt. Das ist für Käfer ein außergewöhnlich hohes Alter. Ausgewachsene Larven verkriechen sich in die Erde und verpuppen sich in einem dazu hergerichteten Versteck. Der fertige Käfer schlüpft zwar noch im selben Jahr aus, wartet aber in der Regel zum Ausfliegen den nächsten Sommer ab.

Größe:
25 bis 35 mm

Vorkommen:
Wälder

Verbreitung:
Europa
(stellenweise
selten)
Sibirien
Kleinasien
Nordafrika
Nordamerika
(eingeführt)
Sehr nützlich

Lederlaufkäfer

Carabus coriaceus L.

Laufkäfer
Carabidae

Mit seiner Größe steht der *Carabus coriaceus* mit an führender Stelle unter den großen Laufkäfern Mitteleuropas, zu denen außer ihm noch der Blaue Laufkäfer *(Carabus intricatus)*, der Gartenlaufkäfer *(Carabus hortensis)*, die Goldleiste *(Carabus violaceus)* und andere gehören. Wie die meisten von ihnen, ist auch er ein Nachtkäfer, verschläft den Tag in einem Versteck unter Laub, Steinen oder altem, morschen Holz. Wird er gestört, begibt er sich auf die Flucht oder nimmt Drohstellung ein: Er richtet den Körper empor und bleibt eine Weile auf gestreckten Beinen stehen. Erst abends geht er auf die Jagd. Der Lederlaufkäfer ist ein bedeutender Räuber, dem auch große Schnecken, Regenwürmer und vielerlei Schädlingsarten zum Opfer fallen; er ist also gleichfalls sehr nützlich. Seine Nahrung verdaut er, wie Laufkäfer gewöhnlich, außerhalb des Körpers. Dieser Vorgang wird beim Goldglänzenden Laufkäfer eingehend beschrieben.

Genau wie andere große Laufkäfer kann er nicht fliegen, als Ersatz ist er mit langen Laufbeinen ausgestattet. Das Männchen unterscheidet sich vom Weibchen durch die verbreiterten Vorderfußglieder; dies Unterscheidungsmerkmal gilt auch für andere Laufkäferarten.

Größe:
26 bis 42 mm

Vorkommen:
Vorgebirgswälder

Verbreitung:
fast ganz Europa (fehlt in Großbritannien)
Nützlich

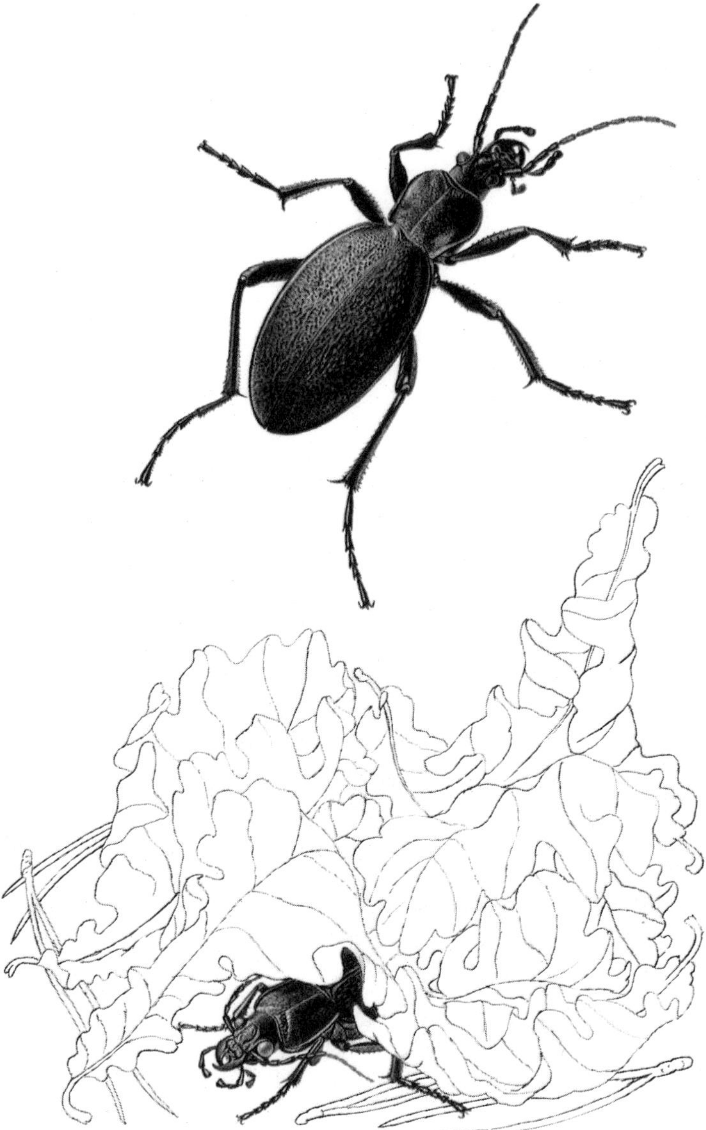

Blauer Laufkäfer

Carabus intricatus L.

Laufkäfer
Carabidae

Auch der Blaue Laufkäfer gehört zu den großen Arten dieser Familie. Im Unterschied zu den meisten Laufkäfern, die eher gewölbte Flügeldecken von ovaler Form haben, sind die Decken des Blauen Laufkäfers fast flach, im Hinterteil auffallend verbreitert und am Ende spitz zulaufend. Betrachtet man sie unter der Lupe, ähneln sie einer stark gefalteten Gebirgslandschaft.

Der Blaue Laufkäfer ist ein Waldkäfer und hält sich im Laub, unter Holzstücken und im Moos auf. Nicht selten klettert er auch mehrere Meter hoch auf Bäume, wo er sich unter der Rinde versteckt. Er ist ungeheuer räuberisch und läuft auf seinen langen, schlanken Beinen sehr schnell, wodurch er seine Flugunfähigkeit einigermaßen ausgleicht. Er jagt verschiedene Schnecken, allerlei Raupen, Insektenlarven und Regenwürmer, verschmäht jedoch Kadaver und weicht ihnen aus. Gerne lockert er seine Fleischkost durch süße Säfte auf und besucht deshalb verletzte Bäume, von deren Saft er nascht, auch Obstsaft nimmt er gern zu sich. Offensichtlich stillt er so seinen Flüssigkeitsbedarf. Dieser sehr nützliche Käfer überwintert in alten Baumstümpfen.

Größe:
24 bis 35 mm

Vorkommen:
Wälder
Gärten

Verbreitung:
Mitteleuropa
Balkan
Großbritannien
Nützlich

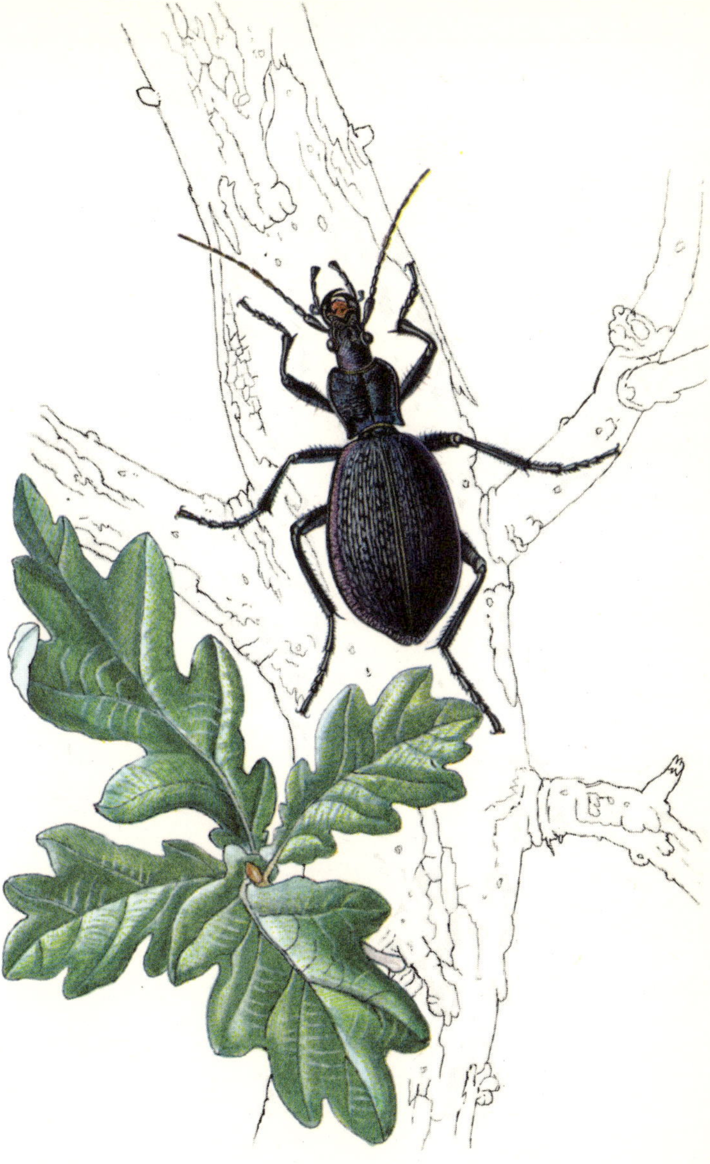

Goldglänzender Laufkäfer

Carabus auronitens F.

Laufkäfer
Carabidae

Er gehört zu den größten und wohl auch schönsten Laufkäfern der europäischen Wälder. Im Winter verbirgt er sich am liebsten in alten, morschen Baumstümpfen, die Sicherheit und hinreichende Feuchtigkeit bieten. Zum Frühlingsanfang, oft schon in den ersten Apriltagen, verläßt der Käfer sein Versteck und macht sich nach der winterlichen Fastenzeit auf die Suche nach der ersten Beute. Er ist Fleischfresser, und als Nahrung dienen ihm meist Schädlingslarven, Schnecken und Regenwürmer. Seine mächtigen Oberkiefer dienen zum Fangen, Betäuben und Töten der Beute, jedoch nicht zum Zerkleinern und Einverleiben der Nahrung. Wie die anderen Laufkäfer auch, zerkaut der Goldglänzende Laufkäfer seine Beute nicht und verdaut sie nicht erst im Magen, sondern außerhalb des Körpers. Das geschieht durch den bräunlichen Magensaft, den er auf eine bestimmte Stelle des erlegten Tieres ausscheidet. Der Saft wandelt das Muskelgewebe in Flüssigkeit um, die der Käfer aufsaugt. Das dauert oft recht lange, sein Hinterleib füllt sich dabei mehr und mehr, bis er nicht mehr unter die Flügeldecken paßt und unter ihnen hervorsteht. Das ist nicht weiter verwunderlich, denn der Käfer ist sehr gefräßig und verbraucht im Laufe eines Tages durchschnittlich sein Eigengewicht an Nahrung, oft sogar noch mehr.

Größe:
17 bis 28 mm

Vorkommen:
Berg- und Vorgebirgswälder

Verbreitung:
West- und Mitteleuropa
fehlt im Norden und auf den Britischen Inseln
bildet geographische Rassen
Nützlich

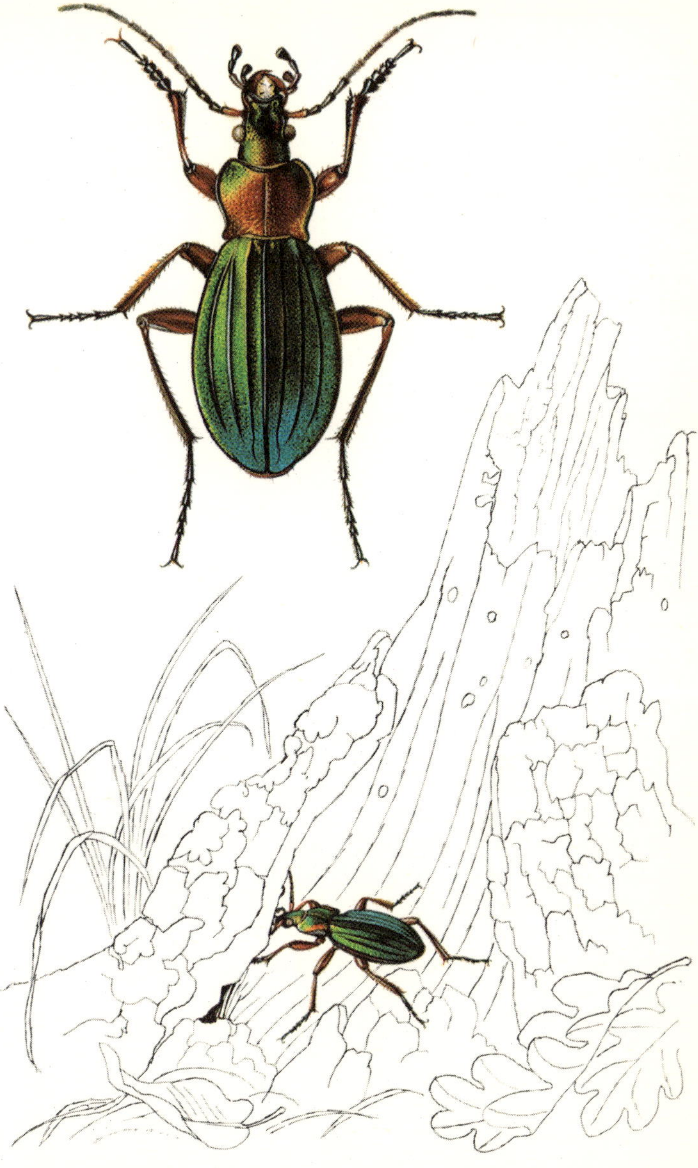

Körnerwarze

Carabus cancellatus ILLIGER

Laufkäfer
Carabidae

Vom Frühling bis in den Herbst kommt dieser schöne Käfer auf Feldern, steinigen Böden, an Bachufern und Waldrändern vor. Er sucht lebende und tote fleischliche Beute. Auf Kartoffelfeldern verfolgt er Kartoffelkäferlarven, in Kohlpflanzungen die Raupen des Kohlweißlings. Dabei hat sich sein großer Nutzen schon oft erwiesen.

Das Weibchen legt im späten Frühjahr ungefähr 45 Eier ab. Sie sind etwa 4,5 mm lang und stumpf walzenförmig. Bei der Eiablage reckt es den Hinterleib lang aus und schiebt ihn in die Erde. Dabei stützt es sich auf das hintere und mittlere Beinpaar, die Vorderbeine ragen frei in die Höhe. Der Käfer stirbt noch im selben Jahr, nur selten überwintert er und lebt noch ein weiteres Jahr. Die weiße Larve, die nach kurzer Zeit aus dem Ei schlüpft, kommt nicht gleich an die Erdoberfläche, sondern verharrt vorerst im Boden. Während dieser Zeit verhärtet sich ihre Körperhülle und nimmt ihre charakteristische dunkle Färbung an. Vorläufig geht sie auch noch nicht auf die Jagd, sondern zehrt aus ihren Körpervorräten. Nach einigen Tagen jedoch kommt die Larve aus der Erde und beginnt mit der Beutesuche. Trotz ihrer kurzen Beine ist sie beachtlich flink und kann schnell laufen. Zuletzt gräbt sich die Larve wieder in die Erde ein und stellt sich eine ovale Wiege her, in der sie sich verpuppt.

Größe:
18 bis 26 mm

Vorkommen:
Felder
Gärten
feuchte Wiesen

Verbreitung:
Eurasien
Sehr nützlich

Agonum sexpunctatum L.

Laufkäfer
Carabidae

Unter Steinen auf Feldwegen und an Rainen finden vielerlei Käfer ein Versteck. Meist handelt es sich dabei um Laufkäfer, Kurzflügler oder Schnellkäfer verschiedener Größe.

Im Bergvorland taucht unter ihnen regelmäßig ein kleiner, hübscher Käfer auf, der durch seinen leuchtend grünen Schild und seine rotgoldenen Flügeldecken auffält. Das ist der Laufkäfer *Agonum sexpunctatum.* Von der Gattung *Agonum* finden sich zwar bei uns noch einige Arten, aber diese ist farblich so eindrucksvoll, daß man sie kaum verwechseln kann. Wie bei vielen metallfarbenen Käfern, zeigt auch beim *Agonum sexpunctatum* die Farbgebung manche Variationen. Früher gab man den Käfern auch noch je nach Färbung besondere Namen, aber die moderne Entomologie ist davon abgekommen.

Hat man ein starkes Vergrößerungsglas zur Hand, so kann man unschwer auf jeder Flügeldecke in der Nähe der Mittelnaht eine von sechs Punkten gebildete Linie erkennen. Dieses Merkmal hatte der große schwedische Naturforscher Carl v. Linné im Sinn, als er vor über 200 Jahren diesem Laufkäfer den Artennamen „sexpunctatum“ (d. h. mit sechs Punkten versehen) beilegte.

Größe:
7 bis 9 mm

Vorkommen:
Feldwege
Raine
Waldränder

Verbreitung:
Eurasien
Nützlich

Pterostichus vulgaris L.

Laufkäfer
Carabidae

Größe:
13 bis 17 mm

Vorkommen:
Felder
Wiesen

Verbreitung:
Europa
Sibirien
Kaukasus
Nützlich

Ein Laie unterscheidet für gewöhnlich nur große und kleine Laufkäfer. Zu den großen zählen Körnerwarze, Lederlaufkäfer, Blauer Laufkäfer und weitere auffällige Arten, zu den kleinen dann alle möglichen andere Laufkäfer. Auch die verhältnismäßig häufige Art *Pterostichus vulgaris* gehört zu ihnen.

Im Hochsommer, während der Ferienzeit, kommt er recht zahlreich in der Natur vor. In dieser Jahreszeit vermehrt er sich auch.

Aus den im Sommer gelegten Eiern wachsen bis zum Wintereintritt Larven heran, die überwintern und ihre Entwicklung erst im Frühjahr fortsetzen.

Der Käfer kommt vorwiegend auf Feldern vor. Wie die große Mehrheit aller Laufkäfer gehört er zu den Arten, deren ungeheure Bedeutung für die Erhaltung des Gleichgewichts unter verschiedenen Schädlingen nicht immer richtig erkannt wird. Der Käfer ist ein ausgesprochener Fleischfresser. Obwohl er einen recht kleinen Körper hat, verbraucht er sehr viel Nahrung, deren Gewicht während eines einzigen Tages das dreieinhalb- bis vierfache seines eigenen Körpergewichts ausmacht. Zur Lieblingsspeise des *Pterostichus vulgaris* gehören allerlei Schädlingslarven, zum Beispiel vom Kartoffelkäfer *(Leptinotarsa decemlineata)* oder von der Rübenblattwespe *(Athalia colibri* Christ). Er jagt seine Beute nicht nur auf der Erdoberfläche, sondern stellt ihr auch im Erdreich nach.

Gemeiner Gelbrand

Dytiscus marginalis L.

Schwimmkäfer
Dytiscidae

An die Wasseroberfläche kommt der Gemeine Gelbrand geschwommen. Er schiebt das Hinterleibsende heraus und stützt sich dabei mit den Hinterbeinen auf die Wasseroberfläche, um seine Luftkammer mit Luft zu füllen. Sein eigentliches Element ist zwar das Wasser, aber zum Atmen dient ihm nur die Luftmenge, die er auf diese Weise an der Wasseroberfläche schöpft. Mit ihr kommt er jedoch nicht lange aus, und so muß er die Ausflüge an die Oberfläche vier- bis siebenmal in der Stunde wiederholen. Das Männchen hat glatte Flügeldecken, das Weibchen meist gerillte. Am einfachsten lassen sich die Geschlechter aber an den Saugnäpfen unterscheiden. Sie befinden sich bei den Männchen an den Fußenden des mittleren Beinpaares und vor allem an den Vorderfüßen. Dort sitzen auffallende runde Saugnäpfe, umgeben von einem Haarkranz. Der Gemeine Gelbrand ist ein Fleischfresser, nimmt aber auch mit Aas vorlieb, wenn sich keine kleinen Wassertiere finden.

Das Weibchen legt seine Eier in die Blätter von Wasserpflanzen ab. Seine Larven sind schon von Jugend auf sehr räuberisch. Sie töten ihre Beutetiere, indem sie ihre sichelförmigen Kiefer hineinschlagen. Ihre Nahrung können sie jedoch nicht zerbeißen. Sie verdauen sie erst durch ihre Magensäfte und saugen die so verflüssigte Nahrung durch einen Kanal in den Beißwerkzeugen auf. Auch die Larve schöpft Luft an der Wasseroberfläche. Ist sie herangewachsen, begibt sie sich aufs Trockene und verpuppt sich in einem kugelförmigen Kokon.

Größe:
35 mm

Vorkommen:
Tümpel
Teiche
tote Flußarme

Verbreitung:
größter Teil Europas (fehlt auf dem Balkan)
Sibirien
Kaukasus
Japan
Nordamerika

Furchenschwimmer

Acilius sulcatus L.

Schwimmkäfer
Dytiscidae

Im allgemeinen gilt die Regel, daß die größten, farblich und von der Form her interessantesten und schönsten Käfer in tropischen und subtropischen Gebieten leben. Die Schwimmkäfer *(Dytiscidae)* sind eine der wenigen Ausnahmen, denn die größte der etwa 3000 Arten, *Dytiscus latissimus,* lebt in Teichen der gemäßigten Zone. Zu den großen Arten gehören freilich nur einige wenige Schwimmkäfer, die Mehrzahl der bei uns lebenden etwa 140 Arten gehört zu den kleinen und mittelgroßen. Zu ihnen gehört auch der Furchenschwimmer. Er kommt häufig im ruhigen Wasser von stehenden Gewässern wie Tümpel, Teiche, blinde Flußarme und Brunnen vor. Man findet ihn sogar in Pfützen auf Waldwegen nach einem Regenguß.

Das Weibchen hat längsgefurchte Flügeldecken, das Männchen unterscheidet sich von ihm durch seine glatten Decken und vor allem durch die Saugnäpfe an den Füßen.

Der Furchenschwimmer ist ein Wasserraubtier, besonders räuberisch sind seine Larven, die Tiere anfallen, die größer als sie selbst sind. Es ist merkwürdig, daß sich die Larven des Furchenschwimmers gegenseitig dulden, denn sie leben in Kolonien zusammen.

Größe:
16 bis 18 mm

Vorkommen:
tote Flußarme
Brunnen
zeitweilige
Gewässer

Verbreitung:
größter Teil
Europas
Transkaukasien
Nordafrika

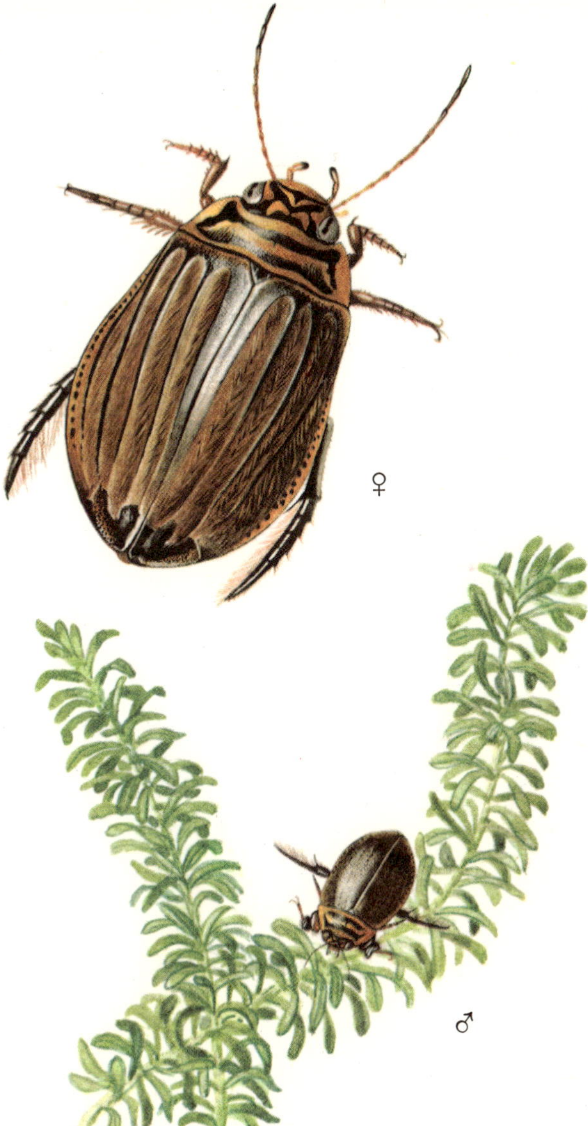

Taumelkäfer

Gyrinus natator L.

Taumel-, Dreh-, Kreiselkäfer

Gyrinidae

Die Oberfläche eines langsamfließenden Gewässers bietet an sonnigen Tagen ein lebhaftes Bild. Schwimm- und Wasserkäfer tauchen zum Luftholen auf, langbeinige Wasserläufer schießen hin und her und zwischen ihnen drehen die winzigen, silbrig glänzenden Taumelkäfer blitzschnell ihre Kreise. Sie finden sich immer in größeren Gesellschaften; dem Leben im Wasser haben sie sich sehr vollendet angepaßt. Der Körper ist bootsförmig, glatt und ohne jeden Auswuchs. Hinter- und Mittelgliedmaßen sind zu einer Art Paddel umgestaltet, auch die Fühler sind kurz und dick, damit sie beim Schwimmen möglichst wenig hindern. Zu den morphologischen Eigenarten des Taumelkäfers gehören die Augen, die in eine obere und untere Hälfte geteilt sind, so daß es scheint, als ob der Käfer vier Augen hätte. Mit den oberen Teilen verfolgt er offensichtlich die Vorgänge über der Wasseroberfläche, mit den unteren, die sich ganz unter Wasser befinden, sieht er, was sich dort abspielt.

Der Käfer ist ein Fleischfresser, jagt kleinere Wasserinsekten, die an der Oberfläche leben, und auch Lebewesen, die zufällig darauffallen. Die Larven sind ebenfalls Fleischfresser. Sie leben auf dem Grund, man erkennt sie an den strauchartig verästelten Trachealkiemen der Hinterleibsglieder, die ihnen zum Atmen dienen. Die ausgewachsene Larve taucht zur Oberfläche empor, schwimmt ans Ufer und verpuppt sich in einer Kammer, die sie aus Lehm zusammenklebt.

Größe:
5 bis 7 mm

Vorkommen:
Wasseroberfläche

Verbreitung:
größter Teil Europas
Sibirien
Mongolei
Nordafrika

Rotflügeliger Moderkäfer

Staphylinus erythropterus L.

Kurzflügelkäfer
Staphylinidae

Der Hinterleib der Käfer ist meistens ganz von den harten und festen Flügeldecken bedeckt, die ihn wie ein Panzer vor feindlichen Angriffen schützen. Das ist bei den Kurzflüglern anders: ihre verhältnismäßig kleinen und kurzen Flügeldecken reichen nur bis über die vorderen Hinterleibsglieder. An diesem Punkt sind sich alle Kurzflügler ähnlich.

Der Rotflügelige Moderkäfer *(Staphylinus erythropterus),* der zu den großen und schlanken Kurzflüglern gehört, unterscheidet sich von den verwandten Arten durch auffällige Merkmale, in erster Linie durch das gelb behaarte Schildchen. Seine Verbreitung erstreckt sich bei uns von Niederungen über Vorgebirgslandschaften ins Gebirge bis zu einer Höhe von 1000 Metern. Er bevorzugt feuchte Stellen in Wäldern, auf Feldern, unter Moos, im Laub, unter Steinen und alten Holzklötzen. Er ist ein Räuber, der Insektenlarven nachstellt. Auch findet er sich in großer Zahl auf toten Tieren oder verwesenden Pflanzen. Er ernährt sich allerdings nicht von toten Organismen, sondern sucht sie nur nach Beute ab, vor allem nach Fliegenlarven. Er befreit also seine Umgebung von diesen unangenehmen und gefährlichen Quälgeistern, die oft als Überträger von Krankheitskeimen gelten. Deshalb zählt der Rotflügelige Moderkäfer zu den nützlichen Arten.

Größe:
14 bis 18 mm

Vorkommen:
auf verfaulenden tierischen und pflanzlichen Stoffen

Verbreitung:
Europa
Nützlich

Roter Pilzkurzflügler

Oxyporus rufus L.

Kurzflügelkäfer
Staphylinidae

Pilzsammler sind oft bitter enttäuscht, wenn sie beim Zerschneiden eines schön gewachsenen Steinpilzes feststellen müssen, daß sein Fleisch von weißlichen Larven verschiedener Größen nur so wimmelt oder von einem Gewirr bräunlicher Gänge durchzogen ist. Die Freude über den Fund ist verdorben und der verärgerte Finder überläßt den Pilz den „Würmern", wie diese Kleintiere im Volksmund heißen.

Es handelt sich allerdings nicht um Würmer, sondern um Insektenlarven. Nach einiger Zeit verlieren sie ihr wurmartiges Aussehen, werden zur Puppe und schlüpfen schließlich als Zweiflügler *(Diptera)* oder Käfer aus. Eine ganze Reihe von Käfern aus verschiedenen Familien lebt in enger Beziehung mit den Pilzen, die bei einigen so weit geht, daß sie ihre ganze Metamorphose im Pilz durchmachen. Ein Beispiel dafür ist der Rote Pilzkurzflügler *(Oxyporus rufus)*, ein echter Myzetobiont und der größte in Pilzen lebende Kurzflügelkäfer. Manchmal erscheint er schon im Laufe des Monats Mai in den Wäldern, in größerer Anzahl jedoch erst im Juli oder August, wenn die Pilzsaison richtig losgeht. Er hält sich an der Hutunterseite und im Pilzinneren auf, wo er mit seinen kräftigen Kiefern Gänge von der Breite seines Körpers vortreibt und sich so immer weiter durch den Pilz arbeitet. Der fertige Käfer sucht Fleischkost — Insektenlarven im Pilzinneren, seine Larven bevorzugen das weiche Pilzgewebe als Nahrung.

Größe:
7 bis 11 mm

Vorkommen:
in Pilzen

Verbreitung:
größter Teil Europas
Sibirien
Kaukasus
Räuber

Kleiner Totengräber

Necrophorus vespillo L.

Aaskäfer
Silphidae

In der vordersten Reihe der Käfer-Gesundheitspolizei stehen die Totengräber. Unausgesetzt fahnden sie nach kleineren Tierkadavern und begraben sie. Das tun sie wohl kaum aus Ordnungsliebe, sondern aus dem Trieb, für die Sicherheit ihrer Nachkommen zu sorgen.

Zu einer kleinen Tierleiche kommen meist mehrere Totengräber geflogen, aber nur dem stärksten Pärchen gelingt es, sich auf ihr zu behaupten. Schon innerhalb einiger Stunden verschwindet die Leiche in einem schräg verlaufenden unterirdischen Gang, der zum Herrschaftsbereich des Weibchens wird. Die begrabene Leiche wird von allen Seiten geglättet und langsam zur Kugel geformt. In einem weiteren Gang, dessen Mündung an diese Kugel stößt, legt das Weibchen zehn bis zwölf Eier ab, um darauf wieder zum toten Tier zurückzukehren. Dabei scheidet das Totengräberweibchen immer etwas Magensaft aus, der in der Tierleiche gewebeauflösend wirkt. Auf diese Weise wird Nahrung für die Larven bereitgestellt, die nach fünf Tagen ausschlüpfen, und zu dieser Nahrungsquelle gekrochen kommen. Dort warten sie, bis das Muttertier sie füttert und jeder Larve einen kleinen Tropfen brauner Flüssigkeit in die Mundöffnung einführt. Erst im Alter von einigen Stunden nehmen die Larven selbständig Nahrung auf; aber jedes Häuten wird von neuen Fütterungen durch die Mutter begleitet. Die Entwicklung geht sehr schnell vonstatten, nach einer Woche verpuppt sich die Larve schon, zwei Wochen darauf erblickt der junge Totengräber das Licht der Welt.

Größe:
10 bis 24 mm

Vorkommen:
Wälder
Felder

Verbreitung:
paläarktischer Bereich
Nordamerika
Nützlich
Gesundheitspolizei

Gelbhals-Johanneswürmchen

Lampyris noctiluca L.

Leuchtkäfer
Lampyridae

In warmen Sommernächten leuchtet über den Wiesen eine Vielzahl kleiner Fünkchen, die plötzlich aufblitzen und wieder verschwinden. Das sind die auf der Suche nach den im Gras wartenden Weibchen umherfliegenden Leuchtkäfermännchen. Die geflügelten Männchen und die flügellosen Weibchen haben an der Körperunterseite eigenartige, komplizierte Leuchtorgane, die von einem dünnen, durchsichtigen Häutchen bedeckt sind. Sie strahlen ein Licht von der Wellenlänge 518 bis 656 nm aus. Vergleicht man dieses Licht mit Kunstlicht, das der Mensch herzustellen imstande ist, so muß man die eindeutige Überlegenheit der Leuchtkäfer anerkennen; sie beherrschen die Lichtherstellung sehr viel besser als der Mensch. Sie produzieren kaltes Licht, in das sie alle Energie umwandeln, sie arbeiten also ohne jeden Energieverlust. Das gelingt dem Menschen in den allergünstigsten Fällen nur zu etwa zehn Prozent. Der genaue Vorgang der Lichtherstellung bei diesen interessanten Käfern ist bisher noch nicht bekannt, nur soviel, daß es dabei zur Zersetzung sehr komplizierter Stoffe kommt. Eine wichtige Rolle in diesem Prozeß spielt der Sauerstoff, der durch die Tracheen herangeführt wird. Erwähnenswert ist, daß nicht nur die Vollkerfe in der Lage sind, zu leuchten, sondern auch die Larven und sogar die Keime!

Larven der Leuchtkäfer leben im Gras. Sie sind Fleischfresser, aber die Zusammensetzung ihrer Nahrung ist bisher noch nicht vollständig bekannt.

Größe:
Männchen
11 bis 12 mm
Weibchen
16 bis 18 mm

Vorkommen:
Wiesen
Waldränder

Verbreitung:
größter Teil
Europas
Kaukasus
China
Sibirien

Rhagonycha fulva SCOPOLI

Weichkäfer
Cantharidae

Größe:
7 bis 10 mm

Vorkommen:
auf Blüten

Verbreitung:
Europa
Vorderasien
Nützlich

Im Spätsommer nehmen die Käfer, die seit dem Frühjahr Felder, Wiesen, Wälder und Gärten bevölkerten, auffallend rasch ab. Der größte Teil stirbt und die, die weiterleben, bereiten sich auf die Überwinterung vor. Aber gerade in dieser Zeit zeigt sich auf Schafgarben und verschiedenen weißen Doldenblütlern für einige Tage ein neuer, bisher unbekannter Gast. Das ist die Weichkäferart *Rhagonycha fulva* Scopoli, ein schmucker, länglicher Käfer mit weichen Flügeldecken.

Nicht selten tritt er zahlreich auf, so zahlreich, daß man auf einer Wiese keine einzige Dolde findet, auf der nicht einige Käfer dieser Art sitzen. Er ist seinen Verwandten aus der gleichen Gattung recht ähnlich, unterscheidet sich aber von ihnen vor allem durch schwarze Fühler und schwarze Punkte auf den Flügeldeckenenden. Bei den meisten Exemplaren konzentrieren sich die Punkte zwar nur an der Spitze, bei einigen nehmen sie aber breiteren Raum ein und reichen fast bis zur Hälfte der Decken.

Der Käfer ist ein Fleischfresser und erlegt auf den Blüten allerlei Insekten. Mit seinen langen Fühlern betastet er die Umgebung, bis er eine Beute „wittert". Dabei ist er nicht wählerisch und nimmt mit allem vorlieb, was auf der Blüte zu finden ist.

Seine Larve ist gleichfalls fleischfressend, sie überwintert und entwickelt sich im folgenden Jahr weiter.

Großer Blasenkäfer

Malachius aeneus L.

Malachitenkäfer
Melyridae

Für den Fall, daß sie von einem Angreifer bedroht werden, haben manche Käfer eine merkwürdige Abwehreinrichtung, die ihnen über solche Augenblicke hinweghelfen soll. Hier muß an Laufkäfer erinnert werden, die aus besonderen Pygidialdrüsen eine durchdringend riechende, brennende Flüssigkeit gegen den Feind verspritzen. Noch vollendeter ist der Bombardierkäfer ausgerüstet, der im Schießen ein wahrer Meister ist. Marienkäfer, Blatt- und Ölkäfer haben eine etwas andere Verteidigungsvorrichtung: sie tragen übelriechende Giftstoffe im Blut gelöst, und nähert sich eine Gefahr, so quellen ihnen kleine Tröpfchen aus den Gelenken zwischen Schenkeln und Schienbeinen hervor.

Über eine ganz andere Abwehreinrichtung verfügt der Große Blasenkäfer. An der Körperunterseite – zwischen Kopf und Brust sowie auf der Brust schauen längliche, orangerote Säckchen hervor, die mit kleinen Drüsen gefüllt sind. Offensichtlich verströmen sie einen Geruch, der den Angreifer abschreckt. Es ist schwer zu sagen, ob dabei auch die Färbung auf Insekten abschreckend wirkt, da bisher keine klare Vorstellung über den Sehvorgang der Insekten vorliegt.

Der Große Blasenkäfer hält sich vom Frühjahr bis Herbst an sonnigen Stellen und auf Blüten auf, in denen er nicht nur Blütenstaub nascht, sondern auch Blattläusen nachstellt. Seine fleischfressenden Larven entwickeln sich im Mulm alter Baumstümpfe und unter der Baumrinde.

Größe:
6 bis 7 mm

Vorkommen:
auf Blüten

Verbreitung:
größter Teil Europas
Sibirien
Kleinasien
Iran
Nützlich

Ameisenbuntkäfer

Buntkäfer
Cleridae

Ameisenkäfer
Thanasimus formicarius L.

Die Artbezeichnung *„formicarius"* (*Formica* = Ameise) kann leicht zur Annahme führen, daß der Käfer unter Ameisen lebt oder sie als Beute jagt. Nichts dergleichen trifft zu, nur seine Färbung und teilweise auch die schlanke, längliche Form seines Körpers erinnern an die große Waldameise. Diese Ähnlichkeit hat sich in der wissenschaftlichen Bezeichnung und auch in den Benennungen in verschiedenen Sprachen niedergeschlagen.

Der Ameisenbuntkäfer zeigt sich vom Frühjahr bis in den Herbst auf gefällten, ungeschälten Stämmen und auf Meterholz. Am häufigsten sucht er Kiefernholz auf, kommt aber auch auf Fichten- und Laubholz vor. Unermüdlich läuft er hin und her, um Borkenkäfer, seine bevorzugte Nahrung, aufzuspüren. Einen Borkenkäfer überwältigt er sehr gewandt: er wälzt ihn auf den Rücken und beißt ihn zwischen Vorder- und Mittelbrust durch. In Zeiten besonderer Borkenkäferplagen treten auch die Ameisenbuntkäfer in größerer Zahl auf. Das Weibchen legt im Frühjahr zwanzig bis dreißig Eier unter der Rinde ab. Die Larven schlüpfen zwar schon nach einer Woche aus, wachsen aber sehr langsam, so daß sich ihre Entwicklung bis zum Herbst hinzieht. Anfangs sind sie behaart und ernähren sich von allen möglichen Resten. Nach der zweiten Häutung bilden Borkenkäferlarven und die Larven anderer, unter der Rinde lebender Insekten ihre Hauptnahrung. Sowohl Larven als auch Käfer überwintern.

Größe:
7 bis 10 mm

Vorkommen:
Wälder

Verbreitung:
Europa
Nordafrika
Nordamerika
(eingeführt)
Käfer
und Larve
Sehr nützlich

Mausgrauer Schnellkäfer

Adelocera murina L.

Schnellkäfer
Elateridae

Die schwarzen Flügeldecken und der Schild dieses Schnellkäfers sind mit feinen grauen, weißen, braunen und rostfarbenen Schuppen bedeckt, die unterschiedliche Ornamente bilden. Manche Exemplare haben so viele Schuppen, daß die ursprüngliche Färbung von Flügeldecken und Schild nicht mehr zum Vorschein kommt. Der Mausgraue Schnellkäfer sieht dann aus, als ob er von grauem Schimmel bedeckt wäre.

Der Käfer zeigt sich schon sehr bald im Frühling und verschwindet erst in den letzten Herbsttagen. Er lebt in Niederungen, im Gebirgsvorland sowie im Gebirge und zählt zu den typischen Feld-, Wiesen-, Garten-, und Waldbewohnern.

Das Weibchen legt, wie alle Schnellkäfer, seine Eier in die Erde ab. Die schlanken, knapp drei Zentimeter langen, mit zäher, fester Haut bedeckten Larven leben im Boden. Ihre Bedeutung für die Landwirtschaft steht bis heute noch nicht eindeutig fest, da die Angaben über ihre Nahrung stark auseinandergehen. Auf der einen Seite werden sie für bedeutende Schädlinge gehalten, da sie angeblich durch ihren Reifungsfraß die feinen Wurzeln verschiedener Kulturpflanzen beschädigen oder zerstören. Andere Forscher halten sie für nützlich, da sie herausgefunden haben, daß die Larven Fleischfresser sind; zu ihrer Nahrung gehören sowohl Engerlinge (Gattung *Melolontha*) als auch Gartenkäferlarven (Gattung *Phyllopertha*).

Größe:
11 bis 17 mm

Vorkommen:
Wälder
Felder
Gärten

Verbreitung:
Europa
Kaukasus
Sibirien
Nordamerika

Erzfarbiger Schnellkäfer

Corymbites aeneus L.

Schnellkäfer
Elateridae

Größe:
11 bis 17 mm

Vorkommen:
Blüten

Verbreitung:
Europa
Sibirien

Jeder Schnellkäfer oder Schmied führt dem Betrachter gern seine Springkünste vor. Es genügt, ihn mit dem Rücken auf die Handfläche zu legen; nach einer Weile biegt sich sein Schild durch, ein deutliches Knackgeräusch ertönt und der Käfer schnellt in die Höhe. Diesen Sprung vollführt er mit Hilfe eines besonderen Körperfortsatzes und einer Höhlung an der Brustunterseite sowie der dazugehörigen kräftig entwickelten Muskulatur.

Zu den häufigsten Arten der ganzen Familie gehört der Erzfarbige Schnellkäfer. Seine Färbung variiert stark, meist ist er metallisch grün, häufig hat er einen kupfernen Schimmer, aber er erscheint auch in blauer, blau-violetter und schwarzer Farbe. In ähnlicher Weise variiert auch die Farbe seiner Beine. In Europa ist er vom Frühjar bis in den Herbst überall anzutreffen, auf Wiesen und Waldwegen, an Waldrändern, auf Bäumen, unter der Rinde, auf Blüten und unter Steinen. Er ernährt sich von Insekten, vorwiegend von Blattläusen.

Das Weibchen legt ungefähr 300 Eier in den Erdboden ab. Seine Larven (Drahtwürmer) sind in der Mehrzahl Pflanzenfresser, sie ernähren sich von Wurzeln. Dabei sind sie aber nicht auf bestimmte Nahrung spezialisiert, oft fressen sie auch Fleisch. Die Larve häutet sich mehrmals, überwintert und verpuppt sich erst im Herbst des folgenden Jahres. Es hat den Anschein, daß sie vor dem Verpuppen tierisches Eiweiß benötigt. Der fertige Käfer schlüpft unterirdisch schon im Herbst aus, überwintert aber in seiner Wiege und kommt erst im Frühjahr hervor.

Metallisch glänzender Prachtkäfer

Anthaxia nitidula L.

Prachtkäfer
Buprestidae

An windstillen, sonnigen Tagen ist es am ehesten möglich, Prachtkäfer kennenzulernen. Sie sind nämlich sehr scheu, flink und fliegen bei der geringsten Störung schlagartig davon. Alle Prachtkäfer sind wärmeliebend, deshalb leben auch die größten und schönsten Arten in den Tropen und Subtropen. Von über 13 000 Arten kommen in Europa nur einige Dutzend vor. Zu den schönsten gehört der Metallisch glänzende Prachtkäfer *(Anthaxia nitidula).*

Im Unterschied zu anderen Käfern, bei denen das Männchen in bunten Farben und reichen Formen prangt, ist beim Metallisch glänzenden Prachtkäfer das Weibchen interessanter. Es unterscheidet sich von dem grünen oder blaugrünen Männchen durch den leuchtend roten Schild. Die Population auf den Britischen Inseln weist Farbübereinstimmung der Geschlechter auf, beide sind grün.

Die Käfer suchen von Mai an verschiedene Wiesenblumen auf, zum Beispiel Hahnenfuß, Habichtskraut, Heckenrosen oder Doldenblütler. Der Entwicklungszyklus des Metallisch glänzenden Prachtkäfers verläuft aber in vertrocknenden Obstbäumen, hauptsächlich auf Kirsch- und Pflaumenbäumen oder im verwandten Weiß- und Schlehdorn. Die Larven nagen Gänge unter alter Baumrinde und verpuppen sich auch dort.

Größe:
5 bis 7 mm

Vorkommen:
Blüten

Verbreitung:
Mittel- und Südeuropa
Kleinasien
Nordafrika

Lindenprachtkäfer

Scintillatrix rutilans F.

Prachtkäfer
Buprestidae

Einer der buntesten und farbenprächtigsten, wenn auch nicht gerade großen Prachtkäfer der europäischen Fauna ist der Lindenprachtkäfer. Sein Körper schimmert in metallisch grünen, kupfernen und schwarzen Tönungen. An heißen Tagen saust der Käfer wie ein glühender Funke im Flug durch die Luft und läßt sich auf einer Pflanze nieder. Am häufigsten tritt er von Mai bis Juli auf, manchmal ist er auch noch im August auf alten Lindenstämmen anzutreffen. Ein beliebter Standort dieser Käfer sind Lindenalleen mit alten, kränkelnden Bäumen, in die sie bevorzugt ihre Eier ablegen.

Die Entwicklung dauert zwei bis drei Jahre. Die platte Larve hält sich unter der Rinde von Stämmen oder starken Ästen verborgen, wo sie gewunden verlaufende Gänge herausbeißt. Auch nach dem Heranwachsen verläßt sie ihr Versteck nicht, sondern verpuppt sich unter der Rinde. Der junge Käfer beißt sich durch die Rinde ins Freie und hinterläßt ein ovales Schlupfloch. Darin unterscheidet er sich von den Bockkäfern, deren Schlupflöcher rund sind.

In den europäischen Breiten tritt der Lindenprachtkäfer nicht mehr in größerer Anzahl auf, so daß von ihm keine größeren Schäden zu befürchten sind. Kommt es ausnahmsweise zu stärkerer Vermehrung, so trocknen die Kronen der befallenen Bäume aus, die Rinde fällt stellenweise oder ganz ab und es kann zum Absterben des ganzen Baumes kommen.

Größe:
12 bis 15 mm

Vorkommen:
in der Nähe
von Linden

Verbreitung:
Süd- und
Mitteleuropa
Kaukasus
Transkaukasien
Nordafrika

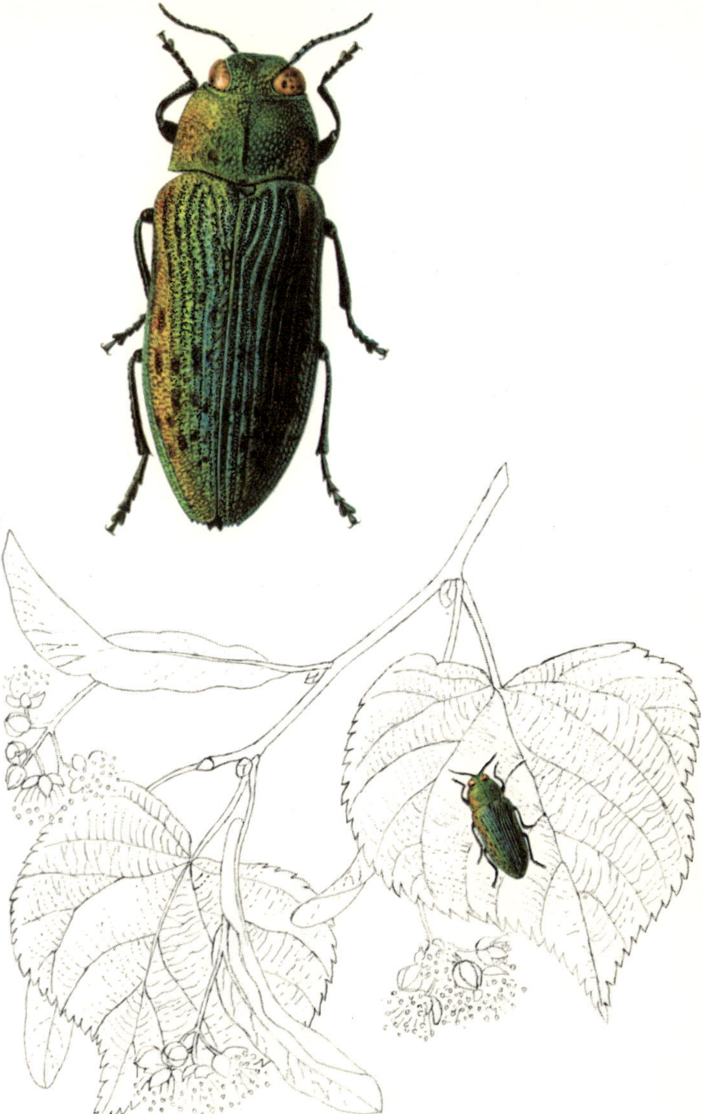

Großer schwarzer Kolbenwasserkäfer

Hydrous piceus L.

Kolbenwasserkäfer
Hydrophilidae

Die europäischen Gewässer werden von über 800 verschiedenen Käferarten bewohnt. Einige lieben klare Bäche, andere fühlen sich in stehenden Gewässern mit reicher, dichter Vegetation wohl. Am häufigsten sind die Kolbenwasserkäfer, denen an Zahl nur die Schwimmkäfer gleichkommen, mit denen sie übrigens in keiner Weise verwandt sind. Nicht alle Glieder dieser Familie sind typische Wasserkäfer. Einige leben an den Ufern, andere haben das Wasser ganz verlassen und leben zum Beispiel auf Misthaufen.

Von den ausgesprochen wasserliebenden Arten ist der Große schwarze Kolbenwasserkäfer am bekanntesten. Seine Weibchen zeichnen sich durch vollendete Brutpflege aus. Am Körperende hat das Weibchen eine besondere Einrichtung, mit der es eine Faser ausscheidet, aus der es geschickt eine Art seidiges Körbchen flicht. Das macht es folgendermaßen: Zuerst sucht sich das Weibchen ein geeignetes, frei auf dem Wasser treibendes Blatt. Dann umwickelt es in verschiedenen Stellungen sein Hinterleibsende mit Fäden. In das so entstandene Täschchen legt es etwa 50 Eier ab und verschließt das Gebilde. Zum Schluß webt es noch eine Art aufwärtsgerichteten, aus dem Wasser ragenden Schnorchel.

Der erwachsene Käfer holt mittels seiner kurzen, gekeulten Fühler Luft. Im Unterschied zur Imago ist die Larve räuberisch und stellt vor allem im Wasser lebenden Schalen- und Weichtieren nach.

Größe:
34 bis 47 mm

Vorkommen:
stehende Gewässer

Verbreitung:
große Teile des paläarktischen Bereichs
Nordindien
Pakistan
Seltene Art
Unter Naturschutz

Speckkäfer

Dermestes lardarius L.

Speck-, Pelzkäfer
Dermestidae

Auch in Haushalten lebt eine Reihe von Käferarten. Einige nehmen mit dem vorlieb, was von den gedeckten Tischen abfällt, andere sind ihren „Brotgebern" gegenüber recht undankbar und bringen sie häufig um wertvolle Dinge. In diese Kategorie gehören zweifellos die Speck- oder Pelzkäfer, die manchmal beträchtlichen Schaden anrichten. Am bekanntesten ist der Speckkäfer. Erst später drang er in Häuser und Wohnungen vor, ursprünglich lebte er in der freien Natur, wo er auch noch heute vorkommt. Dort sucht er Haare, abgeworfene Federn usw.

In Wohnungen findet der Speckkäfer reiche Nahrung und eine für die Entwicklung der Nachkommenschaft besonders günstige Umgebung: Pelze, Wolldecken, Teppiche und auch tierische Nahrungsmittel wie Speck und Schinken. Man muß dem Auftauchen dieses Käfers in der Wohnung unbedingt Beachtung schenken, denn dann ist nämlich etwas nicht in Ordnung. Die Larven leben für gewöhnlich versteckt und ihr Zerstörungswerk entdeckt man meist erst dann, wenn es schon zu spät ist. Man erkennt sie leicht am dicht mit Borsten bestandenen Körper und an den zwei Fortsätzen am Hinterleib. Vor der Verpuppung suchen sie einen ruhigen und sicheren Ort auf und stellen sich eine Wiege her, in der sie sich verpuppen.

Größe:
7 bis 9,5 mm

Vorkommen:
synanthropisch
auch in
Vogelnestern

Verbreitung:
Kosmopolit
Schädling

Himbeerkäfer

Byturus tomentosus FABRICIUS

Blütenfresser
Byturidae

Dieser kleine Käfer steht bei Himbeer- und Brombeersammlern in keinem guten Ruf. Schon manchem verging der Appetit auf die köstlichen, süßen Früchte, wenn sich ihm eine fette, weißliche, nach hinten dünner werdende Larve mit gestreiftem Rücken, der berüchtigte „Himbeerwurm" entgegenschlängelte.

Als Nahrung sammelt der Käfer schon von Frühlingsbeginn an Blütenstaub bei vielen Pflanzen. Sobald aber Himbeer- und Brombeersträucher in Blüte stehen, wechselt er auf diese über und seine Weibchen legen in jede Blüte und in jede junge Frucht einzeln nacheinander etwa 100 Eier ab. Die Larven schlüpfen schon nach einigen Tagen und bohren sich zunächst in den Blütenboden. Ihre weitere Entwicklung verläuft sehr langsam, zur geringen Freude der Himbeerliebhaber zeigen sie sich die ganze Reifezeit über in den Früchten.

Ist die Larve in der Beere herangewachsen, läßt sie sich auf die Erde herunterfallen und verkriecht sich im Boden, wo sie sich in einer Wiege aus Lehm verpuppt. Der Käfer schlüpft noch im Herbst aus, wartet aber mit dem Ausfliegen bis zum nächsten Frühjahr. Nicht selten überwintert die Larve aber, so daß sich die weitere Entwicklung erst im folgenden Jahr abspielt und sich auf zwei Jahre verlängert.

Größe:
3,2 bis 4 mm

Vorkommen:
Wälder auf Himbeersträuchern

Verbreitung:
Großteil des paläarktischen Bereiches
Schädling

Gemeiner Rapsglanzkäfer

Meligethes aeneus F.

Glanzkäfer
Nitidulidae

Die ersten Frühjahrsblüten sind in der Regel voll von allem möglichen Käfer-Kleingetier, zahlreich vertreten sind vor allem die Glanzkäfer. Was sie nicht an Größe und Farbenpracht aufzuweisen haben, ersetzen sie durch ihre Anzahl. Auf ihrer Nahrungssuche gelangen sie in die Blüten, sie fressen Pollen und Nektar. Nach einiger Zeit genügen diese Pflanzen den Rapsglanzkäfern nicht mehr. Ein eigenartiger Trieb veranlaßt sie, sich auf Raps, Rüben, Rettichen und anderen Kreuzblütlern zu versammeln. Blühen diese Pflanzen noch nicht, dringen sie in die Knospen ein und fressen sie leer, wodurch sie großen Schaden anrichten. Etwas geringer ist der Schaden, wenn sie auf bereits in Blüte stehende Felder kommen. Sie suchen die Blüten auf und fressen, genau wie im Frühjahrsanfang, Pollen und Nektar.

Die Weibchen legen in dieser Zeit etwa 150 Eier, die sie einzeln oder zu zweien an den Stempel oder an Staubgefäße kleben. Das Ausschlüpfen der Larven läßt nicht lange auf sich warten. Die jungen Tiere finden in den vollen Staubgefäßen reichlich Nahrung. Nach etwa vierwöchigem Aufenthalt in den Blüten sind sie herangewachsen und verkriechen sich in die oberen Erdschichten, wo sie sich verpuppen. Nach knapp zwei Wochen schlüpfen die Käfer aus. Sie halten sich auf den Pflanzen auf, im Spätsommer verkriechen sie sich zum Überwintern in die Erde.

Größe:
1,5 bis 2,7 mm

Vorkommen:
Wiesen
später
Rapsfelder

Verbreitung:
paläarktischer
Bereich
Nordamerika
Schädling

Endomychus coccineus L.

Stäublingskäfer
Endomychidae

Größe:
4 bis 6 mm

Vorkommen:
Laubwälder
unter der Rinde
in Baumpilzen

Verbreitung:
ganz Europa
im Süden nur
in höheren
Lagen

Baumpilze und feuchte, mit Pilzfasern überzogene und durchwachsene Rinde alter, abgestorbener oder gefällter Laubbäume und Baumstümpfe bieten vielen Dutzend Käfern Unterschlupf. Ihre Lebensweise ist derart auf die Nähe von Pilzen abgestimmt, daß man sie vergeblich in einer anderen Umgebung suchen würde. In der Regel handelt es sich um kleine Käfer, die auch farblich nicht sehr auffällig sind. Sie sind meist bräunlich, schwarzbraun oder gelbbraun gefärbt, so daß man sie leicht übersieht.

Eine augenfällige Ausnahme unter ihnen stellt der *Endomychus coccineus* dar. Seine Artbezeichnung rührt von der leuchtend roten Färbung seiner Flügeldecken und des Schildes her, auf denen sich kontrastierend schwarze Punkte abheben. Fast immer sind sie ausgebildet, selten kommen Exemplare mit einfarbig roten Flügeldecken vor.

Der Käfer zeigt sich im Frühjahr und im Herbst, er hält sich meist in Gesellschaften auf Buchen, Eichen, Birken, Pappeln und anderen Laubbäumen auf. Sowohl Larve als auch Imago überwintern.

Die Familie *Endomychidae* wird in Europa von nur etwa zwanzig Arten repräsentiert, trotzdem gehört sie nicht zu den ganz kleinen Familien, da auf der ganzen Welt etwa 1400 Arten zu ihr gehören, die größtenteils in warmen Gegenden verbreitet sind.

Siebenpunkt-Marienkäfer

Coccinella septempunctata L.

Marienkäfer
Coccinellidae

Zu den bekanntesten Käfern, die man vom Frühjahr bis in den Spätherbst in Wäldern, Gärten, auf Feldern, an Straßen und Wegen antreffen kann, gehört der Siebenpunkt-Marienkäfer. Meistens kennt man die Exemplare mit roten Flügeldecken, auf denen sieben deutliche schwarze Punkte zu erkennen sind. Diese Färbung kommt aber nicht immer vor, denn in den weiträumigen Gebieten, die dieser Marienkäfer bewohnt, sind sehr viele Farbabweichungen bekannt.

Der Käfer und seine Larven sind unschätzbar wertvolle Helfer des Menschen im Kampf mit allen möglichen Insektenschädlingen. Sie jagen zwar nicht alle Schädlinge, haben aber eine besondere Vorliebe für die fetten, weichen Körper von Blattläusen, deren Larven und einiger Schildläuse, die sie in großen Mengen vertilgen.

Wie andere Marienkäfer auch, verpuppt sich diese Art auf Blättern. Die Puppe hängt, gut an einem Blatt befestigt, mit dem Kopf nach unten. Vor Einbruch des Winters suchen die Marienkäfer verschiedene Verstecke auf, in denen sie Schutz vor Frost und anderen Unbilden finden. Sie kriechen unter die Rinde, in alte Baumstümpfe, unter Moos und vor allem unter Steine. Oft kommen so ganze Gesellschaften von einigen dutzend bis zu einigen hundert Tieren zusammen und warten auf die ersten warmen Tage, die sie wieder aufwekken.

Größe:
5,5 bis 8 mm

Vorkommen:
Blattlaus-befallene Vegetation

Verbreitung:
Europa
Asien
Nordafrika
Sehr nützlich

Augenmarienkäfer
Anatis ocellata L.

Marienkäfer
Coccinellidae

Zu den größten Marienkäfern der europäischen Tierwelt gehört der Augenmarienkäfer, ein häufiger Bewohner von Nadel- und Mischwäldern. Die erste Frühlingssonne weckt ihn aus dem Winterschlaf. Kaum ist das Wetter beständiger geworden, kriechen die Augenmarienkäfer auf Rinde und Zweigen entlang und suchen Nahrung, vor allem Deckel- oder Napfschildläuse im jungen Stadium, Blattläuse und die Larven dieser Tiere sowie häufig auch die Larven einiger Sägewespen und anderer Waldschädlinge. Der Augenmarienkäfer ist also wie die überwiegende Mehrzahl seiner Verwandten auch, eine ungeheuer nützliche Art, die unsere Wälder von einer Unzahl lästiger Schädlinge freihält.

Die Weibchen legen im Hochsommer ihre Eier auf der Baumrinde oder auf der Nadelunterseite ab. Die Larven schlüpfen sehr früh aus, schon nach einigen Tagen, und ihre weitere Entwicklung verläuft sehr schnell. Die längliche, graublau und gelb gefleckte Larve ist nicht weniger räuberisch als der Käfer und befindet sich unablässig auf Nahrungssuche. Sie verwandelt sich in eine Puppe, die fest auf einer Pflanzenunterlage sitzt. Schon nach etwa einer Woche kriecht der Käfer aus. Bis in den Spätherbst kann man ihn in der Natur finden, die ersten leichten Fröste treiben ihn dann ins Winterversteck, unter die Rinde von Fichten, Tannen, Kiefern und deren Baumstümpfe.

Größe:
8 bis 9 mm

Vorkommen:
Blattlaus-befallene Nadelwälder

Verbreitung:
Europa
Sibirien
Nordamerika (eingeführt)
Sehr nützlich

Klopfkäfer

Totenuhr
Anobium punctatum DE GEER

Poch-, Nagekäfer
Anobiidae

Die Poch- oder Nagekäfer sind einander sehr ähnlich. Sie haben einen walzenförmigen Körper, tragen den Kopf unter den Schild eingezogen und leben in altem Holz – in Dachbalken, Säulen, Stützen, Schnitzereien, alten Möbeln und Bilderrahmen. Die Käfer geben in ihren Gängen eigenartige Töne von sich, die wie das unregelmäßige Ticken einer Uhr klingen. In der nächtlichen Stille ertönt dieses Tikken besonders unheimlich und wird in der phantasievollen Volksüberlieferung mit der Angst vor dem Tod und der Vorahnung baldiger Todesfälle in der Familie in Verbindung gebracht.

Der Käfer verfolgt aber mit seinem Ticken ganz andere Ziele. Diese Töne, die durch Anschlagen des Schildvorderteils an die Gangwand entstehen, dienen zur Verständigung zwischen den beiden Geschlechtern.

Käfer, die im Holz ausgeschlüpft sind, kriechen durch kleine Öffnungen hinaus, in deren Umgebung später die Weibchen ihre Eier ablegen. So wird den Larven der Eintritt ins Holz, wo sie sich später eigene Gänge anlegen, erleichtert. Holz ist ihre einzige Nahrung, aber ohne die Hilfe symbiotischer Organismen könnten sie es nicht verdauen. Zur leichteren Zersetzung der Zellulose tragen Bakterien und Pilze bei, die in Säckchen an der Darmwand angesiedelt sind und auch auf die Nachkommen übertragen werden.

Größe:
3 bis 5 mm

Vorkommen:
größtenteils
synanthrop

Verbreitung:
Europa
Kaukasus
Nordamerika
Australien
Lästiger
Schädling

Gemeiner Ölkäfer

Meloë proscarabaeus L.

Blasen-, Ölkäfer
Meloidae

Dieser Käfer mit kurzen, auseinandergespreizten Flügeldecken erscheint im Frühling auf Feldwegen und Wiesen. Wird er gereizt, scheidet er an seinen Gliedmaßen Tröpfchen gelber Hämolymphe aus. Durch ihre Farbe und das in ihnen enthaltene giftige Cantharidin sollen sie den Angreifer abschrecken.
Die Entwicklung der Ölkäfer ist nicht einfach und nur wenige Larven haben das Glück, das Puppen- und Imagostadium zu erreichen. Deshalb legen die Weibchen einige tausend Eier ab und gleichen durch diese Anzahl die großen Verluste aus. Aus den Eiern schlüpfen eigentümliche Larven, die an den Gliedmaßen drei Krallen haben. Sie wurden ursprünglich für eine selbständige Insektenart gehalten und erhielten deshalb die Bezeichnung *Triungulinus.* An diesem Namen wurde festgehalten, auch als sich herausstellte, daß es sich nur um ein Entwicklungsstadium des Ölkäfers handelt, und es wurde zur Gewohnheit, auch ähnlich aussehende Larven anderer Insektenarten und -familien so zu bezeichnen.
Die weitere Larvenentwicklung ist nur in Erdbienennestern möglich. Hier verwandelt sich der Triungulin allmählich in eine weitere Larve, aus der ein merkwürdiges puppenartiges Stadium, die Scheinpuppe, hervorgeht. Wegen dieses Stadiums, das hier im Vergleich zur normalen Käferentwicklung zusätzlich auftritt, wird die Entwicklung des Ölkäfers und der verwandten Arten Überentwicklung *(Hypermetamorphose)* genannt. Aus der Scheinpuppe entsteht eine weitere Larve, erst diese verpuppt sich wirklich.

Größe:
13 bis 32 mm

Vorkommen:
Wiesen
Waldränder

Verbreitung:
Mitteleuropa
Südeuropa
Kaukasus

Spanische Fliege

Lytta vesicatoria L.

Blasen-, Ölkäfer
Meloidae

Vom dunklen kurzflügeligen und plumpen Ölkäfer unterscheidet sich die Spanische Fliege zwar beträchtlich, aber auch sie durchläuft eine ähnlich komplizierte Entwicklung, eine Hypermetamorphose, und enthält in ihrem Körper gelöst giftiges Cantharidin. Im Vergleich mit dem Ölkäfer enthält sie jedoch so viel davon, daß man sie nicht zu Unrecht für einen giftigen Käfer hält.
Wird Cantharidin in geringen Dosen verabreicht, hat es Heilwirkung. Das war bereits den Ärzten im alten Griechenland bekannt. Deshalb wurden diese Käfer gesammelt, getrocknet und ihre zerstoßenen Körper, vor allem die Flügeldecken, die das meiste Cantharidin enthalten, wurden zur Herstellung sogenannter spanischer Pflaster verwendet. Bei nur geringfügig stärkeren Dosen wirkt Cantharidin als ein starkes Gift, das vor allen Dingen die Nierenfunktion schädigt.
Die Spanische Fliege ist ein besonders wärmeliebender Käfer. Im Sommer zeigt er sich meist auf Eschen, seltener auf Flieder, in Südeuropa auch auf Oliven, von deren Blättern er sich ernährt. Seine Anwesenheit erkennt man schon von weitem nicht nur an dem üblen Geruch, den er ausströmt, sondern auch daran, daß er seine Wirtspflanze so vollkommen kahlfrißt, daß an ihr kein Blatt übrigbleibt.
Die Entwicklung der Larve — die ähnlich wie bei dem Ölkäfer Triungulin genannt wird — spielt sich in Erdbienennestern ab.

Größe:
12 bis 21 mm

Vorkommen:
Eschen
Flieder
in warmen
Gegenden

Verbreitung:
Süd- und
Mitteleuropa
Sibirien
nach Amerika
eingeführt
Giftig

Variimorda fasciata F.

Stachelkäfer
Mordellidae

Der in eine Spitze auslaufende, von den Flügeldecken nicht völlig bedeckte Hinterleib der Art *Variimorda fasciata* ist nicht das einzige Merkmal, das auf die Zugehörigkeit dieses Käfers zur Familie der Stachelkäfer hinweist. Hinzu kommen noch der ziemlich große, flache Kopf, der unter den Schild geneigt ist, lange, starke Hinterbeine und eine weit ausgebuchtete Körperunterseite. Daran erkennen auch Anfänger den Stachelkäfer, der bekanntlich sehr schwer zu präparieren ist, da er sich dauernd von einer Seite auf die andere dreht.
Der Hinterleibsstachel und die mächtigen Hinterbeine ermöglichen den Stachelkäfern sehr bizarre Spring- und Drehbewegungen. Um das auszuprobieren, braucht man sich nur einmal einen Stachelkäfer auf die Hand zu legen. Ein weiters wichtiges Merkmal ist die Zahl der Fußglieder. An den beiden ersten Beinpaaren beträgt sie je fünf, an den Hinterbeinen nur vier.
Die meisten Stachelkäfer sind in der Regel dunkel gefärbt. Die hier gezeigte Art hat auf den Flügeldecken eine hellere, in den Konturen jedoch recht variable Zeichnung.
Der Käfer liebt die Wärme und bevorzugt im Sommer Dolden- und Sternblütler als Aufenthaltsort. Die dünnen, länglichen Larven legen ihre Gänge in verschiedenen Pflanzen an, gelegentlich auch in Pflaumenbaumzweigen.

Größe:
6 bis 9 mm

Vorkommen:
auf Blüten

Verbreitung:
größter Teil Europas
Kaukasus
Kleinasien
Iran

Lagria hirta L.

Wollkäfer
Lagriidae

Über die Tropengebiete der Erde sind mehr als 2000 Wollkäferarten aus der Familie *Lagriidae* verbreitet. Einige zeichnen sich durch besonders hübsche Färbung aus, andere wiederum sind völlig unauffällig. Sie sind wärmeliebende Käfer, daher kommt es, daß diese Familie in Europa nur acht Vertreter aufzuweisen hat, in Mitteleuropa sogar nur drei. Eine einzige Art kommt hier häufiger vor: *Lagria hirta.*
Der Käfer hat eine charakteristische Gestalt: an einen schmalen Schild schließen weiche, behaarte Flügeldecken an, unter denen der ganze Hinterleib verschwindet. Die ungleiche Fußgliederzahl an den vorderen beiden Beinpaaren und an den Hinterbeinen belehrt uns über seine Zugehörigkeit zur Gruppe *Heteromera.* Das Männchen ist am langgestreckten letzten Fühlerglied kenntlich.
Der Käfer ist ein ausgeprägter Pflanzenfresser, seine Anspruchslosigkeit in puncto Nahrung ermöglicht ihm den Aufenthalt in verschiedenen Biotopen, in denen er vom Frühling bis Spätsommer zahlreich auftritt. Auch seine Larven sind Pflanzenfresser, aber im Unterschied zur Imago halten sie sich im Dunkel unter abgefallenem Laub auf, von dem sie sich auch ernähren. Sie sind länglich, behaart und haben fünf einfache Augen. Die Larven überwintern.

Größe:
7 bis 10 mm

Vorkommen:
feuchte
Wiesen
auf Blüten

Verbreitung:
Europa
Sibirien

Mehlkäfer

Tenebrio molitor L.

Dunkel- oder Schwarzkäfer
Tenebrionidae

In Mehlvorräten, Bäckereien, Mühlen, Geschäften und Haushalten tauchen regelmäßig einige Käferarten auf. Zu den gängigsten gehört der Mehlkäfer. In den Sommermonaten kann man ihn auch unerwartet im Zimmer auf dem Teppich finden. Das bedeutet aber nicht, daß er auch in der Wohnung ausgeschlüpft sein muß. Oft fliegt er auch rein zufällig durch ein offenes Fenster herein oder wird vom elektrischen Licht angelockt.
Das Leben dieses Käfers, das sich vom Ei bis zur Imago im Mehl abspielt, nimmt seinen Anfang heimlich: Das Weibchen legt einige hundert Eier in kleinen Häufchen ins Mehl und in verschiedene Ritzen ab und bedeckt sie mit einem klebrigen Sekret, an dem die Mehlkörnchen gut haften bleiben, so daß die Eier ganz im Mehl verschwinden. Die Larven schlüpfen schon nach ein bis zwei Wochen aus, häuten sich mehrmals und wachsen schnell. Sie werden auch künstlich als sogenannte „Mehlwürmer“ gezüchtet und dienen allen möglichen Zier-Haustieren als Futter. Eigenartigerweise treten an den Brustgliedern der Zuchtlarven Flügelstümpfe auf.
Nach einem halben Jahr, manchmal auch wesentlich später, verwandeln sich die Larven in weiße Puppen. Der ausgeschlüpfte Käfer lebt etwa drei Monate.

Größe:
15 mm

Vorkommen:
synanthrope Art

Verbreitung:
Fast alle
Erdteile
Meidet Tropen

Hirschkäfer

Lucanus cervus L.

Hirschkäferartige
Lucanidae

Nur selten findet sich bei Käfern ein so auffallender Unterschied zwischen Männchen und Weibchen wie beim Hirschkäfer. Das Männchen trägt ein großes, auffallendes „Geweih", zu dem seine Oberkiefer *(Mandibeln)* ausgebildet sind. Sie erfüllen aber keine Funktion beim Beißen, ebensowenig beim Beutefang, wie man meinen könnte. Der Käfer ernährt sich nämlich von süßen Säften, die aus verletzten Eichenstämmen quellen. Die Kiefer dienen dazu, in der Paarungszeit Rivalen zu verjagen. Leben an einem Ort mehrere Hirschkäfer, sind solche Zweikämpfe keine Seltenheit.
Der Hirschkäfer bewohnt alte Eichenwälder mit vielen Baumstümpfen, in deren Mulm sich seine ganze Entwicklung vollzieht. Ehe sie zum Abschluß kommt, vergehen fünf Jahre. Im Vergleich zum Larvenstadium lebt der Vollkerf nur kurze Zeit. Er schlüpft normalerweise im Herbst aus, wartet aber in seiner unterirdischen Wiege den Winter ab. Im Juni kommt er an die Oberfläche und stirbt bereits gegen Ende dieses Monats.
Der Käfer fliegt meist in den frühen Abendstunden aus. Die Larve ist robust und hat eine Länge von neun bis zehn Zentimetern. Vor der Verpuppung stellt sie sich eine feste ovale Wiege her, die sowohl der Puppe als auch dem Käfer Schutz bietet. In einigen Ländern steht der Hirschkäfer unter Naturschutz.

Größe:
Männchen
75 mm
Weibchen
kleiner

Vorkommen:
Eichenwälder

Verbreitung:
Großteil
Europas
Kleinasien
Syrien
Unter
Naturschutz

Gemeiner Maikäfer

Feldmaikäfer

Melolontha melolontha L.

Scarabäen
(Mai-, Rosen-, Dung- und Mistkäfer)
Scarabaeidae

Beim Gemeinen Maikäfer und den mit ihm verwandten Arten zeigt sich der Unterschied zwischen Männchen und Weibchen am deutlichsten im Fühlerbau. Der Fächer am Fühlerende besteht beim Männchen aus sieben länglichen Blättchen, beim Weibchen nur aus sechs kürzeren. Außerdem unterscheidet sich das Weibchen durch die Form seiner Vorderfüße: sie sind zu Grabfüßen ausgebildet. Zur Zeit der Eiablage gräbt es sich mit diesen Gliedmaßen ins Erdreich ein.
Die Käfer erscheinen schon Ende April auf den jungen Blättern von Eichen, Weißbuchen, Hainbuchen und anderen Laubbäumen. Ende Mai sterben die Männchen, die Weibchen legen bis in den Juni hinein Eier.
Jahre, in denen der Maikäfer in größerer Anzahl auftritt, heißen Maikäferjahre. Sie wiederholen sich regelmäßig nach drei bis vier Vegetationsperioden, was ungefähr der Entwicklungsdauer einer Generation entspricht.
Die Larven, Engerlinge genannt, häuten sich zweimal. Sie sind weiß, dick, mit dunklem Kopf und mit dunklem, dickem Hinterleibsende. Sie leben im Erdreich und ernähren sich von Wurzeln, sowohl Käfer als auch Larven richten also Schaden an.
Neben dem Gemeinen Maikäfer, der die häufigste Art darstellt, treten in Europa noch zwei weitere verwandte Arten auf: der Roßkastanienmaikäfer *(Melolontha hippocastani)* und die Art *Melolontha pectoralis.*

Größe:
20 bis 30 mm

Vorkommen:
Laubwälder
Felder

Verbreitung:
Größter Teil
Europas
fehlt
im Süden
(Süditalien
Spanien)
Schädling

Gemeiner Nashornkäfer

Oryctes nasicornis L.

Scarabäen
Scarabaeidae

Ursprünglich bewohnte der Nashornkäfer alte Eichenwälder, wo er mit seinen Larven im Mulm vermorschter Stämme und Baumstümpfe lebte. Im Zusammenhang mit der steten Abnahme solcher alten Bestände ist er allmählich in die Nähe des Menschen übergesiedelt: zuerst fand er in Gerbereien, später auch in Komposthaufen, Mistbeeten und sogar in Gewächshäusern eine neue Heimat. Tagsüber verbirgt er sich und gräbt sich nach der Rückkehr von seinen nächtlichen Flügen in die Erde ein, wobei ihm die grabbeinartigen Vordergliedmaßen gute Dienste leisten. Der Käfer und auch die Larven lieben die Wärme, die ihnen Mistbeete und Komposterde bieten.
Das Männchen unterscheidet sich vom Weibchen durch eine Reihe von Merkmalen, von denen das spitze, bogenförmig nach hinten gebogene Nashorn das auffallendste ist.
Das Weibchen legt nur einige Dutzend kugelförmige Eier, die wie kleine Erbsen aussehen, einzeln in kleine Gruben ab, wo auch die Larven ausschlüpfen. Die Larven wachsen nach der zweiten Häutung zu einer Länge von sieben bis zwölf Zentimetern heran. In ihrer letzten Entwicklungsphase stellen sie sich eine feste ovale Kammer her, deren Innenwände sie mit einem besonderen Sekret glätten. In dieser Kammer verwandelt sich die Larve in die Puppe. Auch der geschlüpfte Käfer bleibt noch darin, bis sich seine Körperhülle völlig verhärtet hat. Die Entwicklung dieses Käfers ist in hohem Maße wärmeabhängig und dauert im Durchschnitt zwei bis drei Jahre.

Größe:
25 bis 40 mm

Vorkommen:
Eichenwälder
häufig Gärten
Kompost
Mistbeete

Verbreitung:
Europa
Kaukasus
Kleinasien
Iran
Afghanistan
Kaschmir
Nordafrika
Westafrika

Zottiger Rosenkäfer

Zottiger Blütenkäfer
Epicometis hirta PODA

Größe:
8 bis 11 mm

Vorkommen:
auf Blüten

Verbreitung:
Europa
Kleinasien
Vorderasien
Nordafrika
nach
Nordamerika
eingeschleppt

Sobald auf den Wiesen der erste Löwenzahn blüht und an Rainen und Hängen die Köpfchen des Habichtskrauts leuchten, kommen verschiedene frühe Käfer herbeigeflogen. Am zahlreichsten unter ihnen sind die fast überall vorhandenen Glanzkäfer *(Nitidulidae).*
Oft erscheint aber auf den gelben Blütenständen ein schwarzer Käfer – der Zottige Rosen- oder Blütenkäfer *(Epicometis hirta),* der an solchen Orten von März bis Mai, in höheren Lagen bis in den Juli hinein in Gesellschaft anzutreffen ist.
Die Bezeichnung für diese Art ist wirklich sehr treffend gewählt, denn der ganze Käferkörper ist mit dichten, hellen Härchen bewachsen. Dieser Käfer ist ein enger Verwandter einiger immer seltener werdender grüner Rosenkäferarten, die gleichfalls auf Blüten leben.
Die Weibchen legen ihre Eier in Gruppen von zwei bis vier Stück flach in die Erde, wo auch die kleinen weißen Larven ausschlüpfen. Sie sind den Larven verwandter Arten ähnlich, lassen sich jedoch an ihrem Rückenmahl von ihnen unterscheiden.
In Gegensatz zu den Mai- und Junikäferlarven, die feine Wurzeln abfressen, ernährt sich die Larve des Zottigen Rosenkäfers hauptsächlich von abgestorbenen Stoffen, ist also unschädlich. Sie verpuppt sich in einer unterirdischen Hülle aus Lehm.

Gemeiner Rosenkäfer

Gemeiner Goldkäfer
Cetonia aurata L.

Scarabäen
Scarabaeidae

Heckenrosen- und Weißdornblüten, einige weiße Doldenblütler und die duftenden Blütenstände von Trauben- und schwarzem Holunder werden von der zweiten Maihälfte bis in den Hochsommer von Rosen- oder Goldkäfern aufgesucht. Sie kommen in der prallen Sonne wie kleine Flugzeuge dahergeflogen, ihre Flugweise ist nämlich für einen Käfer in gewisser Weise ungewöhnlich. Sie fliegen mit geschlossenen Flügeldecken, die häutigen Flügel schieben sie seitlich unter ihnen hervor.
Nicht selten ist der Rosenkäfer auf verletzten Bäumen und frischen Baumstümpfen anzutreffen, deren süßer Saft ihn genauso anlockt wie Hirschkäfer, Bockkäfer und andere.
Die Färbung des Rosenkäfers variiert stark. Häufig ist seine Oberseite grüngolden und die Unterseite goldrot, aber die Natur geizt nicht mit Farbeinfällen: einige Exemplare sind goldschimmernd, andere rotgrün, bläulich, violett oder bräunlich.
Ist der Käfer auch noch so farbenprächtig und auffällig, um so unscheinbarer ist seine dicke, weißliche Larve, die sich in alten, ausgehöhlten Eichen, Buchen, Pappeln oder Weiden oder in deren Stümpfen entwickelt. Sie kommt auch im Kompost, seltener in Ameisenhaufen vor, wo die Larven der Art *Potosia cuprea* viel häufiger zu Gast sind.
Nach zwei Häutungen erreicht die Larve eine Länge von vier bis fünf Zentimetern. Dann verpuppt sie sich in einem festen, innen geglätteten Kokon. Die Entwicklung dauert ein Jahr.

Größe:
14 bis 20 mm

Vorkommen:
auf Blüten

Verbreitung:
Europa
Sibirien
Kleinasien
Vorderasien

Aphodius fimetarius L.

Scarabäen
Scarabaeidae

Dieser kleine Käfer kommt in über sechzig einander eng verwandten Arten vor. Sie sind sich in Körperbau und Lebensweise so ähnlich, daß sie im Rahmen der umfangreichen und vielgestaltigen Scarabäenfamilie die selbständige Unterfamilie *Aphodiinae* bilden.
Der *Aphodius fimetarius* fliegt schon mit dem einsetzenden Frühjahr auf Wiesen und Feldern umher und sucht nach Dungteilchen. Seine Verwandtschaft mit den Mistkäfern verrät er durch die kurzen Fühler und die starken, stachelbewehrten Beine. In seiner Lebensweise unterscheidet er sich jedoch stark von ihnen: er lebt nicht paarweise, baut für seine Nachkommen keine unterirdischen Nester und sammelt für sie auch keinen Dung.
Sehr bald im Frühjahr, etwa Mitte April, legt das Weibchen ca. 30 Eier in ein Stück nicht zu stark ausgetrockneten Dung, das den Larven noch weiche Nahrung bietet. Weiter geht die Brutpflege nicht. Die Eierzahl ist höher als bei den größeren Mistkäfern, denn die jungen Larven finden in keiner unterirdischen Kammer Schutz, viele fallen allen möglichen fleischfressenden Feinden zum Opfer. Die ausgewachsenen Larven kriechen in die Erde, wo sie sich verpuppen.

Größe:
5 bis 8 mm

Vorkommen:
im Dung auf Feld- und Waldwegen

Verbreitung:
Eurasien
Nordafrika
Nordamerika

Frühlingsmistkäfer

Geotrupes vernalis L.

Scarabäen
Scarabaeidae

Das ist eine der bekannten europäischen Mistkäferarten. Sowohl Käfer als auch Larve ernähren sich von Kot. Männchen und Weibchen leben paarweise zusammen. Naht die Zeit der Vermehrung, beginnen die Käfer ein Nest zu bauen, das gleichzeitig zur Bereitstellung von Nahrung dient. An einer geeigneten Stelle, am besten unter einem Kothäufchen, graben sie zunächst ein etwa fünf Zentimeter tiefes Loch und von da aus einige, etwa zwanzig Zentimeter lange, waagerechte Gänge, die beide Partner in abwechselnder Arbeit mit Kot füllen. Sobald das geschafft ist, fahren sie mit dem Bau fort. Vom Grund der Grube treiben sie einen senkrechten, bis zu einem halben Meter tiefen Schacht vor, auf dessen Grund sie ein Kämmerchen einrichten. Diese Kammer dient nacheinander der Larve, der Puppe und anfangs auch dem jungen Käfer als Behausung. Auch hierhin bringen die Käfer Kot und formen aus ihm eine längliche Kugel, in die das Weibchen ein einziges Ei ablegt. Die Kotkugel wird mit einer Sand- und Erdschicht bedeckt, in den senkrechten Schacht wird noch mehr Kot eingefüllt.

Die ganze weitere Entwicklung verläuft in der Kotkugel. Aus dem Ei kriecht eine kleine weiße Larve, die nach und nach die bereitgestellten Vorräte verzehrt. Sie wächst heran und verwandelt sich nach einiger Zeit in eine Puppe, aus der später der Käfer schlüpft.

Der Frühlingsmistkäfer und die ihm verwandten Arten sind sehr nützlich, sie beseitigen Exkremente und fördern so die Humusbildung.

Größe:
12 bis 20 mm

Vorkommen:
im Kot

Verbreitung:
Europa
Kleinasien
Nützlich
Gesundheitspolizei

Sägebock

Gerberbock
Prionus coriarius L.

Bockkäfer
Cerambycidae

Unter einem Bockkäfer stellt man sich zunächst einen schlanken, länglichen Käfer mit langen Fühlern vor, wie zum Beispiel den Moschusbock *(Aromia moschata).* In dieser Hinsicht ist aber der gedrungene Sägebock den übrigen Bockkäfern nicht sehr ähnlich. Gesägte, verhältnismäßig kurze zwölfgliedrige Fühler verraten das Männchen, das Weibchen ist mit dünneren, nur schwach gesägten und um ein Glied kürzeren Fühlern ausgestattet. Vereinzelt tauchen diese Käfer von Mai bis Oktober auf, am zahlreichsten sind sie jedoch im August. Sie hausen in alten Wäldern mit mächtigen Buchen, Eichen, Tannen und Fichten. Von Zeit zu Zeit besuchen sie auch Gärten in Waldnähe, und wenn sie auf günstige Bedingungen stoßen, gründen sie eine neue Generation.
Der Sägebock fliegt während der Dämmerung aus, tagsüber versteckt er sich in Baumstümpfen und unter der Rinde. Die Weibchen legen ihre Eier in Rissen im Stammholz ab, die Larven halten sich in Baumstümpfen und Wurzeln auf. Nach vielen Häutungen wachsen sie zu einer Länge von bis zu fünf Zentimetern heran und verpuppen sich auch in den Baumstümpfen.
Der Sägebock ist wie viele andere Bockkäfer in der Lage, eigenartige, knarrende Geräusche von sich zu geben. Bei ihm entsteht dieses Zirpgeräusch aber auf andere Weise als bei den übrigen Gattungen: durch Reiben der Flügeldeckenränder an einer kräftigen Leiste an den Hinterschenkeln.

Größe:
19 bis 45 mm

Vorkommen:
Wälder

Verbreitung:
Europa
Westsibirien
Kaukasus
Kleinasien
Syrien
Nordafrika

Schmalbock

Rothalsbock

Leptura rubra L.

Bockkäfer

Cerambycidae

Größe:
10 bis 19 mm

Vorkommen:
auf Blüten

Verbreitung:
Europa
Sibirien
Nordafrika

Einige Bockkäfer, zum Beispiel der Zimmerbock, erscheinen schon mit den ersten wärmeren Frühlingstagen. Der Schmalbock dagegen ist eine ausgesprochene Sommerart und fliegt nur im Juli und August.

Männchen und Weibchen könnten sehr leicht für verschiedene Arten gehalten werden, da sie sich nicht nur im Körperbau, sondern vor allem in der Färbung voneinander unterscheiden. Das Männchen ist schlanker und zierlicher als das gedrungene Weibchen, seine Fühler sind deutlich gesägt und hinter dem schwarzen Schild sitzen schmutziggelbe Flügeldecken. Schild und Decken des Weibchens sind samtig-rotbraun.

Das Männchen zeigt sich oft auf Blüten, das Weibchen bevorzugt als Aufenthaltsort eher Klafterholz und Stümpfe von Nadelbäumen, auf die es auch seine Eier ablegt. Die Larven bohren sich senkrechte und unregelmäßig gewundene Gänge, die sie mit Mulm ausfüllen. Sie unterstützen so die Zersetzung des Baumstumpfs, ihre Tätigkeit ist für die Forstwirtschaft eigentlich nutzbringend. Oft nagen sie aber auch die Unterseite von Zaunpfählen und Telegrafenstangen an, dadurch richten sie einigen Schaden an. Die ausgeschlüpften Käfer beißen sich eine runde Öffnung ins Freie.

Wie andere Borkenkäferarten auch, gibt der Schmalbock deutlich hörbare knarrende Geräusche von sich. Seine Entwicklung dauert vermutlich zwei Jahre.

Großer Eichenbock

Cerambyx cerdo L.

Bockkäfer
Cerambycidae

Dieser Käfer wird auch Riesen- Held- oder Spießbock genannt. Er ist einer der größten Bockkäfer der europäischen Fauna. Er bewohnt uralte Eichen, seltener Weiß- oder Hainbuchen, Ulmen und andere Laubbäume. Die Käfer zeigen sich im Juni und Juli. Sie meiden das Licht und verbergen sich tagsüber in den Mündungen ihrer Schlupfgänge, durch die sie sich ins Freie genagt haben. Gerne suchen sie verletzte Bäume auf und lecken am herausfließenden süßen Saft. Wie viele andere Arten, bringt auch der Eichenbock intensive knarrende Geräusche hervor, die durch Reibung eines starken Fortsatzes am Halsschild über eine gefurchte Brustplatte entstehen.

Das Weibchen legt durchschnittlich 80 Eier in die Eichenrinde ab, immer in Gruppen zu zweien und dreien. Die Larve, die nach etwa zwei Wochen ausschlüpft, versucht sich durch die harte Rinde des alten Baumes in den Bast und ins Holz durchzubeißen. Das geht jedoch nicht so schnell, noch ehe ihr das gelingt, wird sie vom Winter überrascht. Nach der Überwinterung setzt sie ihre Nagetätigkeit fort, um im Sommer endlich in den Bast zu gelangen. Im Jahr darauf, wenn die Larve schon eine Länge von sieben bis neun Zentimetern erreicht hat, dringt sie ins Holz ein und beißt hier einen mehrere Dezimeter langen Gang heraus. An seinem Ende verpuppt sie sich. Der Käfer schlüpft noch im selben Jahr aus und überwintert in seinem Versteck.

Größe:
24 bis 53 mm

Vorkommen:
Eichenwälder

Verbreitung:
Europa
Unter
Naturschutz

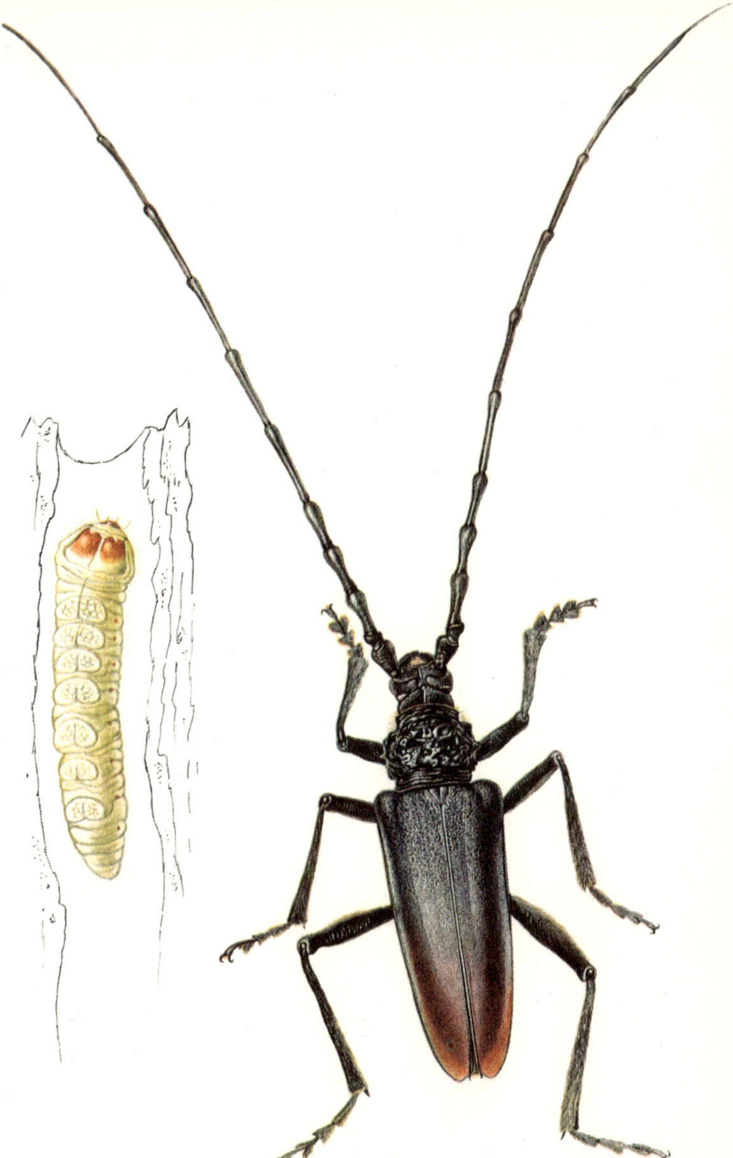

Moschusbock

Aromia moschata L.

Bockkäfer
Cerambycidae

Die Fühler des schlanken Moschusbockmännchens sind ein Stück länger als der Körper, die des Weibchens kürzer.

Dieser Käfer zeichnet sich durch reiche Farbvariationen aus. Seine Färbung zeigt eigentlich eine ganze Farbskala: von Dunkelblau über Blauschwarz und Schwarz bis zu Schwarzbraun und Kupferrot. Die Flügeldekken und der Schild sind meistens grün, haben dabei einen leichten Blauschimmer. Oft überwiegt das Blau die grüne Farbe, es kommen auch Exemplare mit purpurroten Flügeldekken und Schild vor.

Die Käfer treten von Juni bis September auf. Sie sitzen auf Stämmen und Ästen, häufiger auch auf Blüten, die ihnen als Nahrung dienen. Sie bieten einen schönen Anblick, wenn sie mit ihren in weitem Bogen vorgestreckten Fühlern dasitzen. Die Umgebung des Moschusbocks ist von einem starken Duft erfüllt, der von einem Stoff herrührt, der aus den kleinen Öffnungen der Aromadrüsen an der Brust ausgeschieden wird.

Die Larve liebt lebendes Holz, in das sie ihre Gänge bohrt und in dem sie sich schließlich verpuppt. Von allen Laubbäumen gibt sie Weiden den Vorzug, kommt aber auch in Erlen-, Salweiden- und Pappelstämmen vor.

Größe:
13 bis 34 mm

Vorkommen:
auf Blüten
und gefälltem
Holz

Verbreitung:
fast ganz Europa
Sibirien
Japan

Eichenzierbock

Eichenwidderbock

Plagionotus arcuatus L.

Bockkäfer

Cerambycidae

Durch seine Farbkombination — schwarz und gelb — erinnert der Eichenzierbock bei flüchtigem Hinsehen an eine große Wespe. Die gelben Streifen und Punkte auf den Flügeldecken sind sehr stark veränderlich, gehen oft ineinander über und bilden verschiedene Muster. Früher war es üblich, jede dieser farblichen Abweichungen (Aberration) mit einem eigenen lateinischen Namen zu versehen.

Der Eichenzierbock gehört zu den Arten des späten Frühjahrs und des Frühsommers. Im Mai und fast den ganzen Juni über kann man ihn auf gefällten Eichenstämmen und auf Meterholz finden, solange es noch ungeschält ist. Weniger häufig lebt er in Buchen, Pappeln und Linden. Er liebt Wärme.

Das Weibchen legt insgesamt etwa 30 Eier, die es mit seiner langen Legeröhre in Rindenspalten schiebt. Die Larve schlüpft schon nach zwei Wochen aus und dringt dann in den Bast ein, in dem sie sich mehrere Dezimeter, ja sogar bis zu zwei Meter lange Gänge beißt, die unregelmäßig verlaufen. Hinter sich füllt sie diese Gänge wieder mit Spänen aus.

Die ausgewachsene Larve ist flach, weiß und etwa vier Zentimeter lang, was der doppelten Länge des Käfers entspricht. Sie überwintert, im Frühjahr dringt sie senkrecht ins Holz ein, wo sie sich in einigen Zentimetern Tiefe verpuppt.

Größe:
6 bis 20 mm

Vorkommen:
Eichenwälder

Verbreitung:
Europa
Transkaukasien
Kleinasien
Nordafrika

Zimmerbock

Schneiderbock

Acanthocinus aedilis L.

Bockkäfer

Cerambycidae

Die Geschlechter des Zimmerbocks unterscheiden sich vor allem in der Fühlerlänge: beim Männchen sind sie drei- bis fünfmal, beim Weibchen nur anderthalbmal so lang wie der Körper. Außerdem erkennt man das Weibchen an der dauernd ausgestreckten Legeröhre.

Der Zimmerbock gehört zu den ersten frühen Bockkäfern. Er taucht schon im März bis April auf, manchmal auch noch im Mai. In besonders günstigen Jahren erscheint im Spätsommer noch eine zweite Generation.

Zimmerbockkäfer sitzen auf gefällten Kiefernstämmen, auf Meterholz und auf Baumstümpfen. Sie sind aber gut geschützt, da sich ihre graue Färbung nicht von der Borke abhebt.

Das Weibchen legt ungefähr 40 Eier in die Kiefernrinde ab. Zunächst beißt es eine Vertiefung, in die es die feste Legeröhre schiebt, die bis in den Bast eindringt.

Die Larve lebt unter der Rinde von Baumstümpfen, Stämmen und Klaftern, wo sie unregelmäßige Gänge nagt. Ist sie herangewachsen, stellt sie sich eine ovale Wiege her, die von feinen Spänen umgeben ist. Die Zimmerbockpuppe ist leicht an den zu Schlingen zusammengeringelten Fühlern zu erkennen.

Den Winter überlebt der Käfer.

Größe:
12 bis 20 mm

Vorkommen:
Nadelwälder

Verbreitung:
Europa
Sibirien
Korea
Mongolei

Kleiner Pappelbock

Kleiner Espenbock
Saperda populnea L.

Bockkäfer
Cerambycidae

Nicht sehr große, im ganzen ziemlich unauffällige Bockkäfer zeigen sich im Mai und Juni auf Pappel- und Espenästen, seltener auf Weiden. Auch wenn die Käfer bald wieder verschwinden, bleibt die Pflanze von ihrem Aufenthalt gezeichnet. Auf ihren Zweigen bleiben beulenartige Gebilde zurück, in denen sich die Larvenentwicklung vollzieht.

Bei der Eiablage verhält sich das Weibchen recht eigenartig. In die Rinde eines jungen Zweiges beißt es einige Querfurchen und anschließend eine Vertiefung. Von beiden Seiten umrahmt es dieses Gebilde durch eine weitere Furche, so daß das Ganze eine nach oben offene Hufeisenform gewinnt. Diese Arbeit beendet es in einer knappen halben Stunde und muß jetzt nur noch das Ei ablegen. In die Öffnung schiebt es seine dünne Legeröhre, hebt die Rinde an und legt in die entstandene Höhlung ein einziges Ei. Gleich darauf macht es sich an die Herstellung eines weiteren „Hufeisens".

Die Larve schlüpft in diesem sicheren Versteck aus und ernährt sich von Pflanzengewebe aus ihrer Umgebung. Im ersten, häufiger erst im zweiten Lebensjahr beißt sich die Larve ins Zweiginnere durch und frißt es leer. Um diese Stelle herum entwickelt sich eine Schwellung, die langsam verholzt und ein untrügliches Zeichen für die Anwesenheit dieses Käfers ist. Die Larve überwintert zum zweitenmal, verpuppt sich und der ausgeschlüpfte Käfer kriecht durch eine runde Öffnung ins Freie.

Größe:
9 bis 15 mm

Vorkommen:
in der Nähe
von Pappeln
Espen
Weiden

Verbreitung:
fast ganz Europa
Kleinasien
Transkaukasien
Sibirien
Korea
Nordafrika
Nordamerika

Lilienhähnchen

Lilioceris lilii SCOPOLI

Blattkäfer
Chrysomelidae

Auf den Blättern von Liliengewächsen erscheinen im Frühjahr schon bald schmucke Käfer mit roten oder orangeroten Flügeldekken. Das sind die Lilienhähnchenarten *Lilioceris merdigera* und *Lilioceris lilii*.

Die erste Art hat einen roten Körper und bevorzugt Türkenbundlilien und Maiglöckchen, die zweite hat einen schwarzen Kopf und lebt überwiegend auf weißen Lilien, Feuerlilien und auf Kaiserkronen. Beide gehören zu den Blattkäfern, sind folglich Pflanzenfresser.

Vom Frühjahr an befrißt das Lilienhähnchen die Blätter seiner Wirtspflanzen, und so ist es nicht weiter verwunderlich, daß weder der Käfer noch seine gleichfalls pflanzenfressenden Larven zu den gern gelittenen Gästen in Ziergärten zählen. Zum Glück tritt das Lilienhähnchen nicht in so großer Anzahl auf, daß man es zum Schädling erklären müßte.

Die Weibchen sind sehr emsig: Im April beginnen sie auf den Blättern mit der Eiablage. Bis zum Herbst legen sie ungefähr 300, sofern sie überwintern, kommen im nächsten Frühjahr noch etwa 150 weitere Eier hinzu.

Nach einigen Tagen schon erscheinen die jungen Larven, die in die Erde kriechen und sich da verpuppen. Ungefähr nach drei Wochen sind die jungen Käfer entwickelt.

Da die Weibchen fast die ganze Vegetationszeit über Eier legen, finden sich auf den Pflanzen Käfer und Larven verschiedener Generationen.

Größe:
6 bis 8 mm

Vorkommen:
Liliengewächse

Verbreitung:
Eurasien
Nordafrika

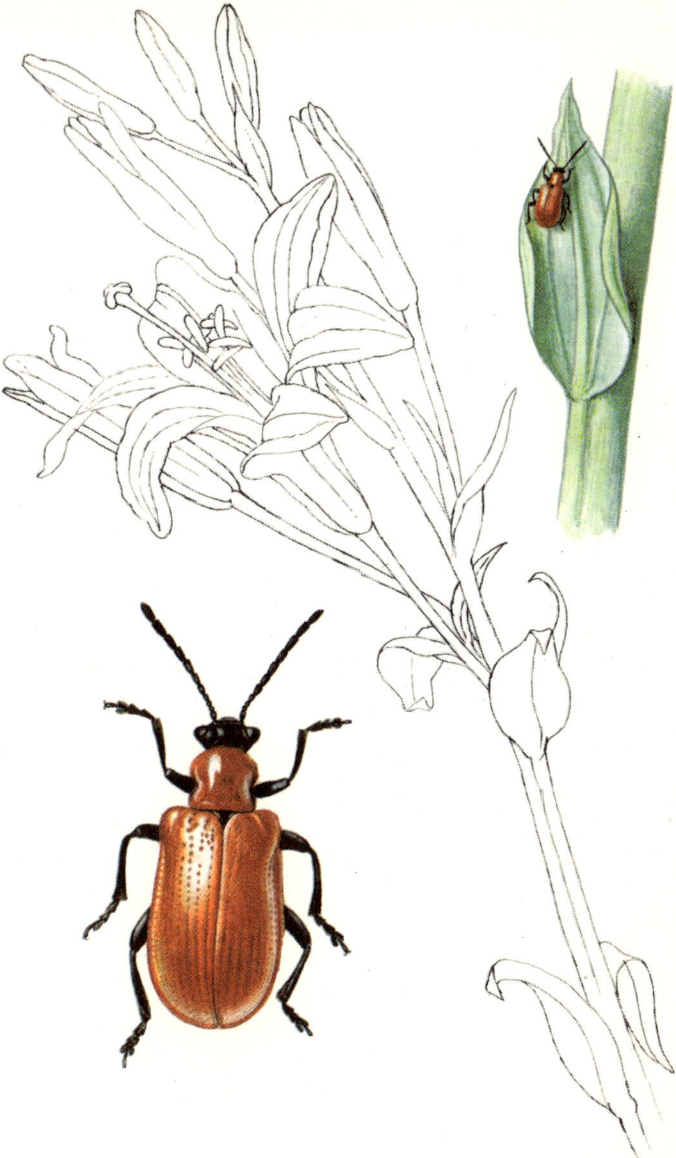

Fallkäfer

Cryptocephalus sericeus L.

Blattkäfer
Chrysomelidae

Größe:
7 bis 8 mm

Vorkommen:
in Blüten

Verbreitung:
Europa
Sibirien
Kleinasien

Einige Gattungen der sehr umfangreichen Blattkäferfamilie zeichnen sich durch großen Artenreichtum aus. Das ist bei der Gattung *Cryptocephalus* der Fall, die in der europäischen Käferwelt von einigen dutzend Arten repräsentiert wird, deren Größen sich zwischen 1,5 und 9 mm bewegen. Es gibt gelbe, rote, schwarze und metallfarbene Arten, die entweder einfarbig oder gefleckt sind.

Die wissenschaftliche Bezeichnung dieser Gattung ist treffend gewählt; sie besagt nämlich, daß diese Arten den Kopf versteckt tragen. (Der Name ist von den griechischen Worten *kryptos* – bedeckt und *kephalé* – Kopf abgeleitet.) Der Kopf ist so weit unter den Schild geneigt, daß er fast nur von der Seite oder von unten auszumachen ist.

Eine der bekanntesten Arten ist der Fallkäfer *(Cryptocephalus sericeus)*. Dieser Käfer ist meist metallisch grün, wie ihn die Abbildung zeigt, aber seine Farbgebung ist reichen Variationen unterworfen, es gibt auch blaue, gold- und purpurfarbene Formen.

Der Fallkäfer tritt im Sommer zur Blütezeit von Habichtskraut, Witwenblume und Schafgarbe auf, deren Blüten er mit Vorliebe aufsucht. Auf Wiesen, an Rainen und bewaldeten Hängen kommt er häufig vor.

Kartoffelkäfer

Leptinotarsa decemlineata SAY

Blattkäfer
Chrysomelidae

Der Kartoffelkäfer ist ein junges Mitglied der europäischen Fauna. Er kam vor etwa hundert Jahren hierher und wurde dank der großen Verbreitung seiner Wirtspflanze — der Kartoffel — so heimisch, daß ihn die meisten europäischen Länder zu ihrem Käferbestand zählen können.

Die Urheimat des Käfers liegt auf dem nordamerikanischen Kontinent, dort ernährte er sich von den Blättern wilder Nachtschattengewächse. In der Mitte des vorigen Jahrhunderts änderte sich seine Ernährungsweise jedoch grundlegend. Nachdem die Kartoffel nach Nordamerika eingeführt worden war und ihr Anbau begonnen hatte, wechselte er allmählich auf diese neue Pflanze über, bis er sie schließlich ganz beherrschte. Später verbreitete er sich auch in Europa.

Der Käfer wartet im Versteck den Winter ab und kommt im Frühjahr hervor. Das Weibchen beginnt sehr bald mit der Eiablage, die ununterbrochen den ganzen Sommer über andauert. Die gelben Eier werden in Gruppen auf Kartoffelblätter geklebt. Nach kurzer Zeit schlüpfen rote Larven mit zwei Punktreihen auf dem Rücken aus. Sie häuten sich zweimal und färben sich schließlich orange. Zur Verpuppung verkriechen sie sich im Erdboden, wo schon nach zwei Wochen der junge Käfer ausschlüpft, aber vor dem Ausfliegen noch eine weitere Woche im Boden ausruht. Der Kartoffelkäfer bringt jährlich meist zwei Generationen hervor.

Größe:
6 bis 11 mm

Vorkommen:
Kartoffelfelder
manchmal
auch Wiesen
und Wälder

Verbreitung:
ursprünglich
nearktischer
Bereich
heute
Kosmopolit
Schädling

Pappelblattkäfer

Melasoma populi L.

Blattkäfer
Chrysomelidae

Sehr zahlreich zeigt sich dieser Käfer auf Pappel-, Espen- und Weidenblättern, die ihm als Nahrung dienen. Er frißt sie so radikal ab, daß an den betroffenen Stellen nur noch die Blattrippen übrigbleiben. Auf der gleichen Wirtspflanze verläuft auch seine gesamte Entwicklung.

Von den drei verwandten rotflügeligen Blattkäferarten ist der Pappelblattkäfer der größte. Von den beiden anderen läßt er sich leicht an den schwarzgefleckten Flügeldeckenenden unterscheiden.

Die Weibchen legen eine verhältnismäßig große Anzahl Eier auf die Blätter ab, wo sie in kleinen Häufchen etwa ein bis zwei Wochen auf die weitere Entwicklung warten. Die hellgrünen, schwarz gefleckten Larven verstehen es sehr gut, sich gegen ihre Feinde zu schützen. Befinden sie sich in Gefahr, scheiden sie aus den Drüsenfeldern auf dem Rücken Tröpfchen eines weißen stinkenden Sekrets aus. Nach etwa drei Wochen sind die Larven ausgewachsen. Sie suchen im Gegensatz zu anderen Arten keinen Unterschlupf auf, sondern verpuppen sich direkt auf dem Blatt. Die jungen Käfer sorgen noch im selben Jahr für eine zweite Generation. Ist das Jahr warm und auch sonst günstig, entwickelt sich sogar noch eine dritte Generation.

Trotz seiner großen Anzahl ist der Pappelblattkäfer kein Schädling. Im Herbst verkriechen sich die Käfer in alle möglichen Verstekke und zeigen sich in den ersten Frühlingstagen wieder auf den jungen Blättern.

Größe:
10 bis 12 mm

Vorkommen:
Pappeln

Verbreitung:
paläarktischer Bereich
Nordteil des orientalischen Bereichs (Indien)

Gewelltstreifiger Kohlerdfloh

Phyllotreta undulata KUTSCHERA

Blattkäfer
Chrysomelidae

Auf Kreuzblütlern finden sich stellenweise zahlreiche kleinere wärmeliebende Käfer, die an sonnigen Tagen munter umherspringen. Das sind verschiedene Erdflöhe, unter denen der Gewelltstreifige Kohlerdfloh am häufigsten vorkommt. Das ist eine der Arten, deren gemeinsame Merkmale Springbeine und Längsstreifen auf den dunklen Flügeldecken sind.

Die Käfer halten sich auf Blättern auf und fressen das Gewebe der Oberseite ab. Sie hören erst dann auf, wenn sie auf die Unterhaut stoßen, die sie unberührt lassen. Oft finden sich so viele Käfer auf einem Blatt ein, daß es nach ihrem Befraß ein feines Punktmuster zeigt. Bei einer starken Invasion fallen ihnen nicht selten ganze Felder mit Rettich, Raps, Kohlrabi und anderen Nutzpflanzen zum Opfer.

Im Unterschied zu verwandten Arten, die ihre Eier auf Blätter ablegen, legen die Weibchen des Gewelltstreifigen Kohlerdflohs ihre Eier einzeln oder in Gruppen einfach auf die Erde. Nach einigen Tagen kriechen die Larven aus, denen feine Würzelchen als Nahrung dienen. In etwa drei Wochen wachsen sie heran und verpuppen sich im Boden. Nach ein bis zwei Wochen schlüpfen die Käfer aus. Vor Wintereintritt verkriechen sie sich in die Erde und in andere Verstecke, erst im folgenden Jahr entwickelt sich eine neue Generation.

Größe:
2 bis 2,3 mm

Vorkommen:
Felder

Verbreitung:
Europa
Sibirien
Kleinasien
Stellenweise
Schädling

Grüner Schildkäfer

Cassida viridis L.

Blattkäfer
Chrysomelidae

Der sitzende Käfer macht den Eindruck eines dreiteiligen grünen Schildes, das auf ein Blatt geklebt wurde. Dank seiner Färbung verschwindet er auch fast ganz in seiner Umgebung. Erst wenn sich der Käfer in Bewegung setzt, kommen seine Fühler und Flügel zum Vorschein. Der Grüne Schildkäfer ist ein Pflanzenfresser und hält sich mit Vorliebe auf Lippenblütlern auf, in deren Blätter er ovale Öffnungen beißt. Das Weibchen sucht sich zur Eiablage eine geeignete Stelle auf einem Blatt aus und nimmt eine eigenartige Stellung ein: es richtet sich auf allen Beinen in die Höhe und scheidet in dieser Grätschstellung aus dem Hinterleib eine kleine Menge eines weißen Sekrets aus. Dann legt es das erste Ei und hüllt es darin ein. Bald darauf folgen weitere Eier, die ebenfalls festgeklebt werden, bis ein kleiner Haufen von 8 bis 15 Stück beieinander ist. Den bedeckt das Weibchen noch mit einer Schutzschicht. Den ganzen Sommer über fährt es in dieser Tätigkeit fort und hinterläßt so einige Dutzend dieser Eierkolonien.

Die Larven sind grün wie der Käfer auch und man kann sie nicht nur an ihren harten, verästelten Borsten erkennen, sondern auch an ihrem gegabelten Körperende, das sie über den Rücken nach vorn gerichtet tragen. Ähnlich wie der Käfer ernähren auch sie sich von Blattgewebe.

Aus der Puppe schlüpft nach etwa einer Woche der Käfer, den man bis in den Herbst auf Blättern antreffen kann. Erst später verkriecht er sich zum Überwintern.

Größe:
7 bis 9 mm

Vorkommen:
auf Pflanzen

Verbreitung:
Paläarktischer Bereich
Kleinasien
Vorderasien (Syrien)

Gemeiner Erbsenkäfer

Bruchus pisorum L.

Samenkäfer
Bruchidae

Noch bis vor kurzem war es allgemein üblich, auf dem Lande ist es bisweilen heute noch so, daß Hausfrauen Erbsen verlesen, um vor dem Kochen die „wurmstichigen" auszusondern. Genauer gesagt, um diejenigen Samen auszusondern, in denen sich ein kleiner, gedrungener Käfer mit kräftigen Hinterbeinen festgesetzt hat — der Gemeine Erbsenkäfer.

Pendeln sich im Laufe des Frühjahrs wärmere Temperaturen ein, tauchen diese Käfer auf Feldern und in Gärten auf. Pollen, Staubgefäße und Blütenblätter auf Erbsenbeeten bieten ihnen Nahrung. Die Käfer setzen sich in den Erbsenkulturen fest und die Weibchen legen hier einige dutzend bis einige hundert Eier ab. Damit sie der Wind nicht wegweht oder der Regen abspült, kleben sie sie mit einem besonderen Stoff an den jungen Schoten fest. Viele Eier werden vergeblich gelegt, denn in einer Erbse kann sich später nur eine einzige Larve entwickeln.

Die ausgeschlüpfte Larve ist sehr klein und rosa. Sie dringt durch die Schale in die Schote und in das Samenkorn ein, wo sie sich häutet und sich in eine zweite, der ersten unähnliche Larve verwandelt. Sie ist jetzt weiß und beinlos. In der Erbse verläuft die weitere Entwicklung. Die Larve verpuppt sich. In wärmeren Gegenden fliegen die Käfer noch im Herbst aus. Häufig halten sie sich aber bis zum nächsten Frühjahr im Erbsenkorn verborgen.

Größe:
4 bis 5 mm

Vorkommen:
Felder
Gärten

Verbreitung:
Kosmopolit
Schädling

Polydrosus mollis STROEM

Rüsselkäfer
Curculionidae

Zur Familie der Rüsselkäfer *(Curculionidae)*, vorweg ist zu bemerken, daß sie die zahlreichste Käferfamilie darstellt, gehören Käfer mit länglichem Kopf und meist geknickten Fühlern. Viele sind schwarz bzw. dunkel und glatt, bei anderen ist der ganze Körper mit dichten Reihen kleiner Schuppen besetzt, deren Anordnung schließlich die Färbung des Käfers bestimmt. Bei jüngeren Exemplaren pflegt darum die Färbung am auffallendsten zu sein — grünlich, bräunlich, grauschimmernd u. a. Bei älteren Exemplaren ist sie nicht mehr so intensiv, denn im Laufe des Käferlebens werden viele Schuppen abgescheuert und unter ihnen zeigt sich die dunkle Färbung von Schild und Flügeldecken.

In diese Rüsselkäfergruppe gehört auch die Art *Polydrosus mollis* mit größtenteils honigbraunen, manchmal auch graugrünen Schuppen. Im Frühjahr hält sich dieser Käfer in großer Zahl auf jungen Zweigen von Birken, Buchen, Pappeln und anderen Bäumen und auch Sträuchern auf. Mit seinem Rüssel, an dessen Ende sich die Kiefer befinden, durchbohrt er die Blattoberfläche, um an den weichen, saftigen Blattinhalt zu kommen, der seine bevorzugte Nahrung darstellt. Häufig ist dieser Käfer auch auf jungen Tannen- und Fichtentrieben anzutreffen. Fast in ganz Europa ist diese Art zahlreich vertreten.

Größe:
6 bis 8,5 mm

Vorkommen:
hauptsächlich
auf Birken
Buchen
Pappeln

Verbreitung:
fast ganz Europa
Sibirien

Großer brauner Rüsselkäfer

Hylobius abietis L.

In unseren Nadelwäldern kommen verschiedene Rüsselkäferarten vor, die junge und auch ältere Bäume befallen. Die einen schaden als Larven, andere als Imago. Zu diesen gehört der Große braune Rüsselkäfer und seine verwandten Arten.

Der Große braune Rüsselkäfer, der ein Alter von fast drei Jahren erreicht, ändert seine Lebensweise der Jahreszeit entsprechend. Im Frühjahr suchen die Käfer junge Bäume auf und sammeln sich auf Lichtungen. In dieser Zeit dient ihnen die Rinde der jungen Bäume als Nahrung. Sie fressen sie ringartig rund um den Stamm ab, wodurch der Baum abstirbt und eingeht. Im Sommer wechseln sie auf alte Bäume über und befressen in ähnlicher Weise die Rinde an jungen Zweigen. Im Herbst suchen sie Winterverstecke auf. Sie kriechen unter gefällte Bäume, ins Laub usw. Während des Sommers kann man die Weibchen auf unzerstörten Baumstümpfen beobachten, in deren Wurzeln sie ihre Eier ablegen. Nach etwa zwei bis drei Wochen schlüpfen weiß-gelbe Larven mit braunen Köpfen und zwei hellen Flecken an den Seiten aus. Sie nagen im Bast Gänge, die später auch in den Splint führen. In der Regel überwintern die Larven und beenden ihre Entwicklung in einer Kammer im Holz erst während des folgenden Jahres.

Größe:
7,3 bis
13,5 mm

Vorkommen:
Kiefernwälder

Verbreitung:
Europa
Sibirien
Japan
Schädling

Haselnußbohrer

Nußrüßler

Curculio nucum L.

Rüsselkäfer

Curculionidae

Der Kopf des Haselnußbohrers oder Nußrüßlers läuft in einen langen Rüssel aus, an dessen Ende kleine Oberkiefer sitzen, die sich durch eine Besonderheit auszeichnen: sie bewegen sich nicht von den Seiten aufeinander zu, sondern der obere gegen den unteren Teil.

Der Nußrüßler hält sich auf Haselnußsträuchern auf. Wenn er im Juni aus seinem unterirdischen Versteck kommt, sind die Haselblätter seine erste Nahrung. Später macht er sich auch an die jungen Nüsse. Mit seinem spitzen Rüssel durchbohrt er die Nuß bis auf den Kern, in den das Weibchen auch seine Eier ablegt. Das geht folgendermaßen vor sich: Zuerst beißt das Weibchen mit dem Rüssel einen kleinen Spalt in die Schale, dann dreht es sich um und schiebt ein Ei hinein. Infolge des Reizes bildet sich in der Nuß eine Galle, deren weiches Gewebe der Larve erste Nahrung bietet. Sobald sie verzehrt ist, kommt schrittweise die eigentliche Nuß an die Reihe. Die ausgewachsene Larve durchbeißt die Nußschale und kriecht durch eine runde Öffnung hinaus. Sie läßt sich auf den Boden herunter und dringt in die Erde ein, wo sie sich zur Puppe entwickelt.

Käfer und Larve sind ziemlich bekannte und häufige Haselnußschädlinge. Sie kommen überall vor, wo sich Wirtspflanzen finden, aber der Käfer ist nur selten aufzuspüren.

Größe:
3,5 bis 7 mm

Vorkommen:
Haselsträucher

Verbreitung:
Europa
Kleinasien
Vorderasien
(Syrien)
Nordafrika
(Algerien)
Gelegentlich
Schädling

Apfelblütenstecher

Anthonomus pomorum L.

Rüsselkäfer
Curculionidae

In der Apfelblüte zeigen sich in manchen Jahren häufiger rostbraune, vertrocknete Knospen. Das sind Behausungen von Larven, Puppen und schließlich ausgeschlüpften Apfelblütenstechern. Durch eine kleine Öffnung verläßt der Käfer diesen Aufenthaltsort, zieht ins Laub des Baumes um und ernährt sich davon. Mit Vorliebe beißt er kleine Stücke aus der Blattunterseite und legt so die Blattrippen frei. Noch vor der Obsternte, schon gegen Ende der Sommerferien, sucht er sich ein geeignetes Versteck, um darin den Winter zu verschlafen.

Nach der Überwinterung begibt er sich wieder in die Apfelbaumkronen. In dieser Zeit ernährt er sich von den jungen Knospen, deren Inneres er leerfrißt. Auf diese Weise vernichtet er einen Teil der Apfelblüten schon im Knospenstadium, ein weiterer Teil fällt den Weibchen und ihren Nachkommen zum Opfer. Sie legen nämlich ihre Eier in die Blütenknospen. Nach kurzer Zeit kommt schon die Larve zum Vorschein, sie sitzt direkt an der Nahrungsquelle, da sie Blütenorgane frißt.

Die befallene Knospe kann sich nicht mehr entwickeln und wird zu einem braunen, kugelförmigen Gebilde. Die Larve lebt darin drei bis vier Wochen, ehe sie sich verpuppt. Etwa nach einer Woche ist die Entwicklung zum fertigen Käfer beendet. Außer auf Apfelbäumen kommt der Apfelblütenstecher gelegentlich auch auf Birnbäumen vor.

Größe:
3,5 bis 4,3 mm

Vorkommen:
Obstpflanzungen

Verbreitung:
Europa
Sibirien
Nordafrika
(Algerien)
nach
Nordamerika
eingeschleppt

Birkenblattroller

Trichterwickler
Deporaus betulae L.

Roller
Attelabidae

Die Roller, die früher zur Familie der Rüsselkäfer gerechnet wurden, unterscheiden sich von diesen nicht nur durch ihre geraden, ungebrochenen Fühler, sondern auch durch ihre interessante Lebensweise.

Ende April bis Anfang Mai zeigen sich die ersten Birkenblattrollerweibchen auf den jungen Blättern von Birken, Erlen, Haselsträuchern, Hain- und Weißbuchen. Für ihre Eier drehen sie aus Blättern Tütchen oder Röllchen, die senkrecht zum Blattstiel hängen. Das Weibchen beginnt seine Tätigkeit am rechten oder linken Blattrand und schneidet das Blatt in einer S-förmigen Kurve auf der Oberfläche bis zum Hauptnerv ein. Von da aus fährt es in einer immer flacher werdenden Kurve bis zum gegenüberliegenden Rand fort. An den Ausgangspunkt zurückgekehrt, faßt es das Blatt und dreht die eine Hälfte mit den Beinen zu einem Tütchen zusammen, um das es dann die andere Blatthälfte wickelt. Danach kriecht es in diesen Behälter, dichtet ihn ab und vollendet ihn von innen. Unter der Blattkutikula formt das Weibchen ein kleines durchsichtiges Täschchen, in das es ein einziges Ei legt. Insgesamt finden sich in einer Rolle zwei Eier. Abschließend wird die Tüte mit Hilfe des langen Rüssels gut „vernäht". Die junge Larve verbraucht nur einen Teil des Blattes, das Tütchen vertrocknet rasch und fällt zu Boden. Die Larve kriecht hinaus und dringt in die Erde ein, um sich zu verpuppen.

Größe:
2,5 bis 4 mm

Vorkommen:
Birken

Verbreitung:
größter Teil
Europas
Sibirien
Mongolei
Nordafrika

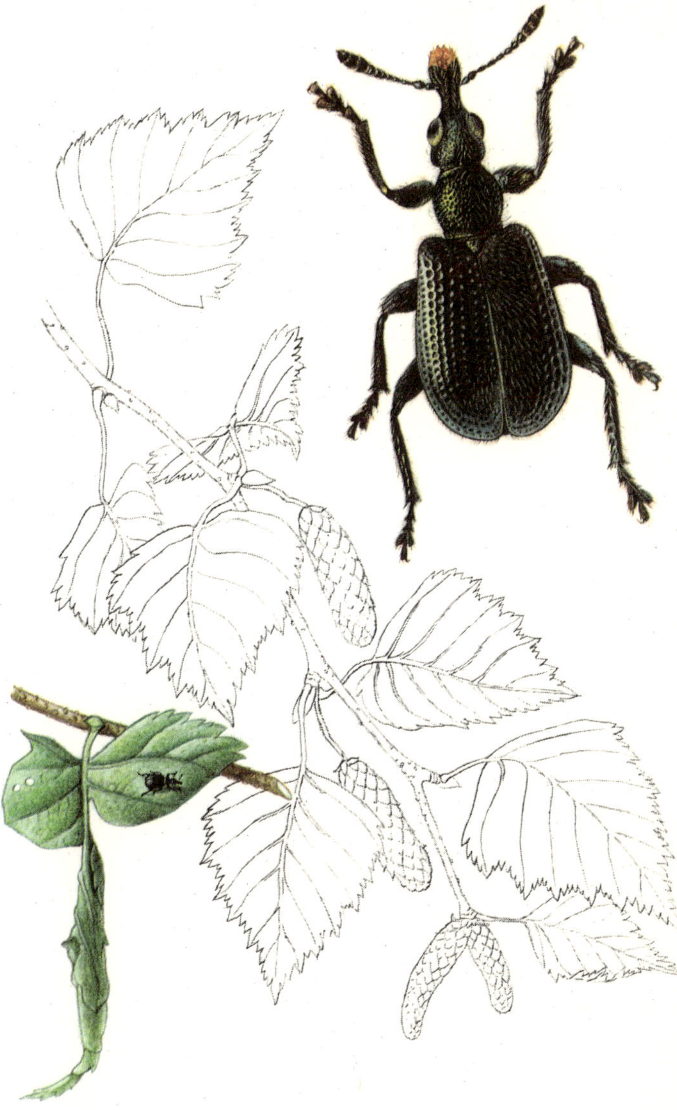

Ulmensplintkäfer
Scolytus scolytus FABR.

Borkenkäfer
Scolytidae

Unter den Laubbaum-Borkenkäfern spielt der Ulmensplintkäfer eine gewichtige Rolle. Das Weibchen, das zunächst eine Rammelkammer nagt, stellt nach der Begattung einen zwar kurzen (2 bis 6 cm), dafür aber ziemlich breiten Muttergang her, an dessen Rändern es seine Eier ablegt. Die Larven nagen von dort ausgehend lange Larvengänge, deren Länge die des Mutterganges weit übertrifft.

Der Ulmensplintkäfer bringt im Laufe eines Jahres zwei Generationen hervor. Die erste Generation geht aus den überwinterten Larven im Mai hervor. Die Tiere nehmen als Nahrung junge Zweige zu sich (sogenannter Reifungsfraß). Bald darauf bohren sie sich in den Unterteil starker Ulmenstämme und zeugen dort die zweite Generation, die im August auftritt.

Der Ulmensplintkäfer zeigt sich meist mit weiteren verwandten Arten auf seiner Wirtspflanze, vor allem zusammen mit dem kleinen Ulmensplintkäfer *(Scolytus multistriatus),* der sich in Äste und schwächere Stämme bohrt. Sein Fraßbild zeichnet sich durch den engeren Muttergang und eine größere Anzahl Larvengänge aus.

Die Ulmensplintkäfer schaden ihren Wirtspflanzen, den Ulmen, nicht nur durch ihren Befraß. Beide Arten, vor allem der kleine Ulmensplintkäfer, übertragen Sporen des Pilzes *Ophiostoma ulmi,* der die Bäume vertrocknen läßt. Diese Krankheit, die Ulmengraphiose, ist in ganz Europa bekannt, an ihrer Verbreitung tragen aber noch weitere Insekten die Schuld.

Größe:
3 bis 6 mm

Vorkommen:
alte Ulmen

Verbreitung:
Mitteleuropa
Gefährlicher
Schädling

Großer Waldgärtner

Myelophilus piniperda L.

Borkenkäfer
Scolytidae

Zu den ernstzunehmenden Kiefernschädlingen unter den Borkenkäfern gehört vor allem der Große Waldgärtner, eine monogame Art. Ein Männchen lebt immer nur mit einem Weibchen unter der Kiefernrinde zusammen. Zu Frühjahrsbeginn, schon im März, nagt das Weibchen in die Rinde eine Rammelkammer, in die ein Männchen zu ihm geflogen kommt. Dann nagt das Weibchen einen 16 cm langen und 2 mm breiten, senkrecht verlaufenden Muttergang, an dessen Rand es seine Eier ablegt. Die in großen Mengen ausgeschlüpften Larven kriechen nach beiden Seiten auseinander und nagen nun ihrerseits lange, gewundene Gänge, die dicht nebeneinander herlaufen. Im Juni erfolgt die Verpuppung und im Juli sind die Käfer fertig entwickelt. Sie beißen sich ins Freie durch und sehen sich nach Nahrung um. Sie befallen die jungen Triebe in den Kiefernkronen, in die sie durch eine kleine Öffnung eindringen. Um dieses Loch herum bildet sich ein Harzring. Im Zweig nagen sie sich einen langen Gang, so daß er recht spröde wird und leicht an der Stelle des Eindringens abbricht.

Nach dem Abfallen der jungen Zweige haben die Kiefernkronen ein charakteristisches Aussehen, als ob sie beschnitten worden wären. Vor Wintereintritt beendet der Große Waldgärtner seinen Reifungsfraß in den Zweigen und zieht in die unteren Teile des Stammes um, in den er sich einen Gang nagt und überwintert. Der Käfer bringt jährlich nur eine Generation hervor.

Größe:
3,5 bis 4,8 mm

Vorkommen:
Kiefernwälder

Verbreitung:
paläarktischer Bereich
Schädling

Buchdrucker

Ips typographus L.

Borkenkäfer
Scolytidae

Der walzenförmige und verhältnismäßig große Buchdrucker ist eigentlich ein sekundärer Schädling, der alte, kranke, vertrocknende Fichten befällt. Findet er aber nicht genügend dieser Bäume vor, fällt er in Jahren stärkerer Vermehrung auch über gesunde Bäume her.

Die Ortswahl für die ganze kommende Generation trifft das Männchen. Es durchbeißt die starke Rinde, stellt in ihr eine Kammer her und lockt durch seinen spezifischen Geruch mindestens zwei bis drei Weibchen an. Entsprechend ihrer Anzahl (es können bis zu sieben sein) fällt das spätere Aussehen der Behausung aus: Finden sich bloß zwei Weibchen, beißt eins einen 6 bis 15 cm langen Muttergang nach oben, das andere nach unten. Gleichzeitig mit der Erstellung des Ganges legt das Weibchen nach und nach etwa 60 Eier in kleine, seitliche Einschnitte ab. Die schon nach kurzer Zeit ausgeschlüpften Larven nagen eigene, ca. 5 cm lange Gänge, die senkrecht vom Muttergang abstehen und sich zum Ende hin verbreitern.

Die weiße Larve hat eine feine Haut, ist blind und beinlos. Am Gangende bereitet sie sich eine Wiege, in der sie sich verpuppt. Noch ehe der geschlüpfte Käfer sein dunkles Versteck unter der Rinde verläßt, nimmt er Nahrung auf, wobei er einen sich unregelmäßig verästelnden Gang nagt, der an die Puppenwiege anschließt.

Der Käfer beißt sich zum Ausfliegen ein eigenes Loch oder begibt sich durch eine vorgefundene Öffnung ans Licht.

Größe:
4,2 bis 5,5 mm

Vorkommen:
Nadelwälder
(Fichtenwälder)

Verbreitung:
Europa
Sibirien
Nordchina
Gefährlicher
Schädling

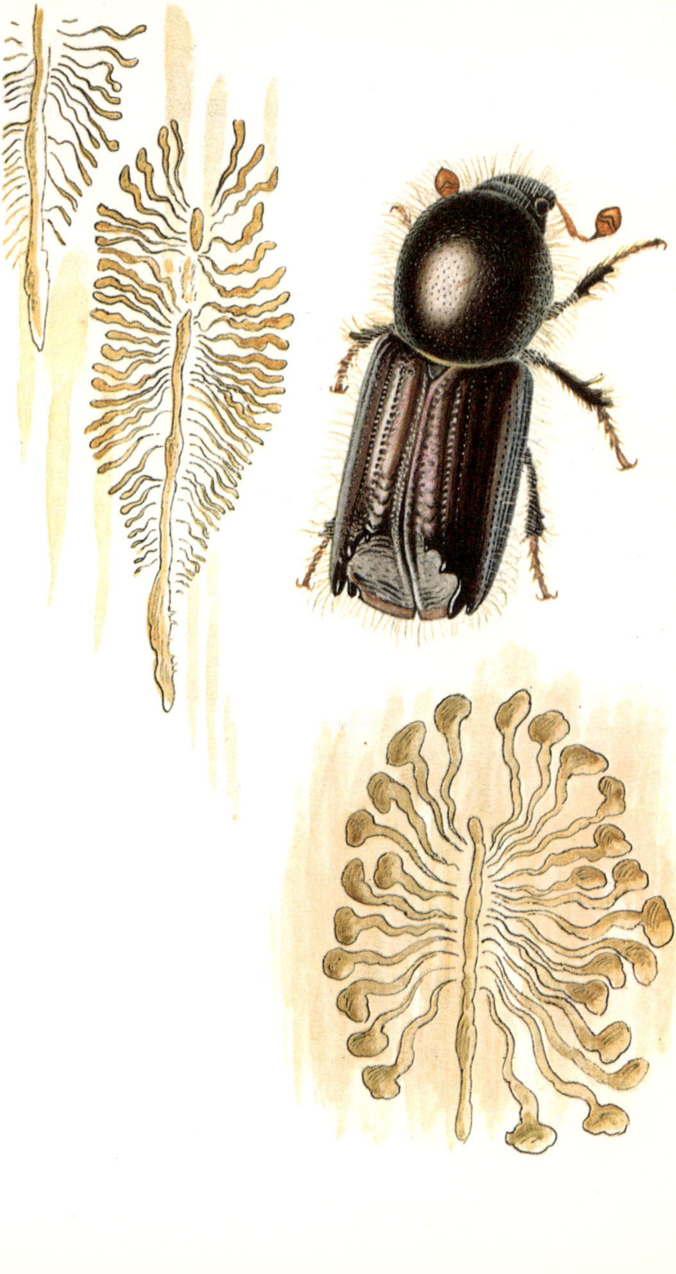

ENTWICKLUNGSGESCHICHTE UND ALTER DER KÄFER

Um eine Vorstellung vom entwicklungsgeschichtlichen Alter der Käfer zu gewinnen, muß man einige Phantasie aufwenden und sich ins Paläozoikum, in das Erdzeitalter vor über zweihundert Millionen Jahren zurückdenken. In der letzten Periode des Paläozoikums, dem Perm, treten die ersten käferartigen Tiere in Erscheinung. Sie sind allerdings nicht die älteste Insektenordnung, schon Dutzende von Millionen Jahren vor ihnen entstanden andere Gruppen, so daß das Gesamtalter der Insekten auf über vierhundert Millionen Jahre geschätzt werden kann.

Im Paläozoikum gab es noch keine Spuren von Vögeln oder Säugetieren, geschweige denn vom Menschen. Die Gegenden, in denen die ersten Käfer auftauchten, trugen eine reiche Flora: Riesen- und Baumfarngewächse, erste Palmfarne und Nadelbäume.

Die Urahnen unserer heutigen Käfer, von denen einige wenige bis auf die heutige Zeit überlebten, hatten im Gegensatz zu den heutigen Arten ein reich geädertes Vorderflügelpaar, das offensichtlich aktiv zum Fliegen diente, ähnlich wie die Schaben. Die Überreste dieser Urkäfer sind in der Familie *Cupedidae* zusammengefaßt.

Im darauffolgenden Mesozoikum verschwanden einige Gruppen wieder, dafür entstanden neue. Aus diesem Zeitalter stammen urtümliche Laufkäfer, Wasserkäfer, Prachtkäfer und die mit ihnen verwandten Schnell- und Blattkäfer. Im Mesozoikum, besonders in seiner letzten Formation, der Kreide, bildeten sich allmählich die grundlegenden Käferfamilien heraus.

Das Mesozoikum, das in die Erdgeschichte als die Zeit der ungeheuren Riesenechsen einging, wurde vom Tertiär mit seinem warmen, tropischen Klima abgelöst. Schon zu seinem Beginn entwickelte sich ein bedeutender Teil der

Käferfamilien. Die Tertiärlandschaft war schon mit mannigfachen Laub- und Nadelbäumen bewachsen. Den Kiefern *(Pinus succinifera)* verdanken wir eine recht genaue Vorstellung über die Käfer- und Insektenwelt vor 15 Millionen Jahren. Im Kiefernharz, als Bernstein bekannt, wurde nämlich eine beträchtliche Menge verschiedenartiger Insekten konserviert. Die Äste der spröden Kiefern brachen sehr leicht, und aus diesen Wunden tropfte reichlich Harz, dessen Duft zahlreiche Insekten anlockte. Die Tiere wurden dann von diesem klebrigen Saft umflossen und so für ewige Zeiten in die sich rasch erhärtende Masse eingeschlossen.

Die nächste Epoche, das Quartär, verzeichnete starke Temperaturschwankungen, die Landschaft veränderte ihren Charakter. Wärmeliebende Pflanzen starben aus, Tiere siedelten um oder starben gleichfalls aus. Die alten Harzteilchen überdauerten mit ihrer eingeschlossenen Beute die Jahrmillionen. Die so entstandenen uralten Insektensammlungen fesseln auch noch heute das Interesse der Forschung. Allein im Ostseebernstein haben sich einige tausend Arten erhalten, von denen ungefähr tausend auf die Käfer entfallen. Ausnahmslos gehören sie zur wärmeliebenden Fauna, die damals in Europa siedelte.

NÜTZLICHE UND SCHÄDLICHE KÄFER

Als der Mensch noch nicht über die Natur herrschte, waren ihre Bewohner noch keiner Einteilung in nützliche und schädliche Lebewesen unterworfen. Sobald er aber anfing, Ackerbau, Forstwirtschaft und Handel zu betreiben, merkte er bald, daß er nicht selten den Ertrag seiner Arbeit mit allen möglichen ungebetenen Nutznießern teilen mußte und kam allmählich zu neuen Ansichten über die Insektenwelt. Zuerst lernte er die Schädlinge unter ihnen erkennen, später stellte er fest, daß es auch solche Tiere gibt, die nicht nur seine Ernte unbehelligt lassen, sondern sie sogar vor den Schädlingen schützen helfen.

Worin besteht nun die nutzbringende Tätigkeit dieser „freundlichen" Käfer? Den Hauptanteil an ihr haben die Fleischfresser, die unermüdlich auf Beute aus sind. Dazu dienen ihnen vielerlei Larven oder Puppen schädlicher Schmetterlinge, Zweiflügler, Sägewespen oder Käfer. Sie jagen Blattläuse, Napf- und Deckelschildläuse, auch Nacktschnecken, Weichtiere und alles mögliche Gewürm. Im erbarmungslosen Kampf der Natur fallen die einen den anderen zum Opfer, es gilt zu fressen und gefressen zu werden, und so sorgen die Käfer für Schädlingsvertilgung in großen Mengen. Marienkäfer und ihre Larven verfolgen eifrig Blattläuse. Der vierfleckige Kugelkäfer *(Exochomus quadripustulatus)* erlegt täglich etwa 30 Schildläuse, seine Larve ist sogar noch gefräßiger. Zu den Verbündeten des Menschen im Kampf gegen Insektenschädlinge gehören auch die Laufkäfer *(Carabidae)*, die bis auf wenige Ausnahmen Jagd auf Schädlingslarven, Würmer und Weichtiere machen, dabei zum Glück sehr viel Nahrung brauchen. Mit ihren Beißwerkzeugen überwältigen sie sogar große Larven und Puppen. Bekannt ist auch die maßlose Raublust des großen Kletterlaufkäfers oder Puppenräubers *(Calosoma sycophanta)**, der die raupenartigen Schmetterlingslarven zu hunderten vertilgt. Der Goldschmied *(Carabus auratus)* und die Körnerwarze *(Carabus cancellatus)** jagen Kartoffelkäferlarven und verzehren täglich sieben bis zehn Stück.

Die Borkenkäfer, sehr gefährliche Waldschädlinge, haben in den Buntkäfern einen unerbittlichen Feind, besonders im Ameisenbuntkäfer *(Thanasimus formicarius)**, dessen Larven gleichfalls über die Borkenkäferlarven und -puppen herfallen. Ihnen zur Seite stehen die unter der Baumrinde lebenden Kurzflügler- und Glanzkäferarten.

Nützliche Käfer kamen nicht überall vor; sobald der Mensch jedoch ihre praktische Bedeutung erkannt hatte, bemühte er sich, sie künstlich in neuen, oft auch weit entfernten Gegenden zu verbreiten. Hierzu ein Beispiel aus der Entomologie des vorigen Jahrhunderts: Damals trat in den USA ein sehr hartnäckiger Schädling in den Zitrusplantagen auf: die große Schildlausart *Pericerya purchasi.* Keine Maßnahme im Kampf mit ihr hatte die nötige Wirkung, der Schädling griff auf immer weitere Gebiete über. Diese Schildlaus war auch in Australien beheimatet, wo sie allerdings nie in solchen Mengen auftrat, daß sie Obstkulturen bedrohen konnte. Bei ihrer näheren Erforschung fand man, daß dort in ihrer Begleitung immer der kleine australische Marienkäfer *Rodolia cardinalis* erscheint, der mit seinen Larven diese Schildlaus frißt und so dafür sorgt, daß sich ihre Zahl in Grenzen hält. Der Marienkäfer wurde in die Vereinigten Staaten eingeführt, in Insektarien gezüchtet und dann künstlich in den schildlausverseuchten Gebieten ausgesetzt. Der Käfer siegte in Amerika und trat dann seine Reise in andere Kontinente an, wo er überall künstlich verbreitet wurde und mithilft, das biologische Gleichgewicht in Zitrusgärten zu erhalten.

Zu Beginn unseres Jahrhunderts wurde der sehr nützliche Puppenräuber *(Calosoma sycophanta)** von Europa nach Nordamerika eingeführt, wo er als tüchtiger Helfer im Kampf gegen die Raupen schädlicher Waldschmetterlinge eingesetzt wurde. Er hat sich ohne weiteres akklimatisiert und gehört heute zu den ständigen Bewohnern nordamerikanischer Wälder.

Aktive Hilfe bei der Schädlingsbekämpfung ist nicht die einzige Bedeutung der Käfer. Manche beteiligen sich auch an der Bestäubung von Pflanzen. Dabei spielen sie zwar nicht die gleiche Rolle wie Hautflügler, Schmetterlinge und Zweiflügler, aber manche Arten halten sich ständig in Blüten auf und übertragen an ihren oft behaarten Körpern Pollen. Das gilt für viele Bockkäfer mit schmalem, langgestreckten Kopf, die gerne auf Doldenblütlern und Margeriten sitzen, aber auch leicht in die röhrenförmigen Blüten des Grindkrauts vordringen können. Auch die Goldkäfer und die ihnen verwandten Pinselkäfer, viele Glanzkäfer, Stachelkäfer, Prachtkäfer und andere, vor allem kleinere Arten, suchen Blüten auf. Einige fressen sie dabei zwar an, sorgen aber gleichzeitig für Bestäubung. Viele Käfer entfernen kleine Tierleichen und faulende pflanzliche Stoffe von der Erdoberfläche.

Betrachten wir jetzt einmal die Käfer im Hinblick auf ihre Schädlichkeit. Einigen schmecken Früchte, anderen Blätter oder Wurzeln, Lebensmittel, Textilien oder Pelzwaren, Holz, alte Handschriften, Jagdtrophäen und alle möglichen Ausstellungsstücke in zoologischen oder entomologischen Sammlungen. Sie beschädigen alle diese Dinge oder vernichten sie völlig. In den gemäßigten Zonen richten die Käfer aber kaum in größerem Ausmaß Verheerungen an, die Schäden haben meist nur lokalen Charakter. Unter gewissen Umständen kann es aber zu Verwüstungen kommen, die sofortiges Eingreifen erfordern. Am gefährlichsten sind die Borkenkäfer, gelegentlich auch Maikäfer, Rüsselkäfer, der Rapsglanzkäfer* oder der Kartoffelkäfer*. Unter normalen Umständen würde sich die Natur selbst zu helfen wissen. Schimmelpilze und nützliche Insektenarten würden sich gleichfalls vermehren und für Ausgleich sorgen, aber der Mensch hat durch sein Eingreifen den ausgewogenen Naturzustand verändert und den Schädlingen die Vermehrung erleichtert, indem er unbeabsichtigt für reichliche Nahrung gesorgt hat. Ein gutes

Beispiel dafür liefert der Buchdrucker*, dem der Mensch durch die Schaffung von Fichtenmonokulturen erst gute Lebensbedingungen geschaffen hat.

Von allen lebenden Käferarten entfällt nur ein kleiner Prozentsatz auf die wirklichen Schädlinge. Manchmal sind sowohl Käfer als auch Larve schädlich, in anderen Fällen schadet nur die Larve, und der Vollkerf ist bedeutungslos oder sogar nützlich. Maikäfer, Borken- und Blattkäfer richten als Larve und als Imago Schaden an. Beim Schnellkäfer sind die Hauptübeltäter seine gelblichen, harten Larven, die Drahtwürmer. Auch Knollen- und Pelzkäfer sind nur im Larvenstadium Schädlinge, während die Imago auf Blüten lebt und sich von Pollen ernährt.

Es leuchtet ein, daß lebende Käfer Schaden anrichten können, nicht so klar ist, daß manche Arten auch noch nach ihrem Tode schädlich sind. Das gilt für den Kornkäfer *(Calandra granaria)*, dessen Larven Getreidekörner leerfressen und somit vernichten. Stirbt ein Käfer in den Körnern, bereitet er dem Menschen auch noch nachträglich Unannehmlichkeiten, da er mit dem Korn in die Mahlvorrichtung und somit ins Mehl gerät. Das wird ungenießbar, wenn es eine größere Menge von Kornkäferüberresten enthält.

KÄFER SAMMELN – WIE, WANN UND WO?

Wer sich zur Anlage einer Käfersammlung entschlossen hat, muß nicht nur wissen, wann und wo die Käferjagd am erfolgreichsten zu werden verspricht, sondern sich auch mit dem notwendigen Sammelgerät ausrüsten. In erster Linie werden einige breithalsige Sammel- oder Tötungsflaschen benötigt, damit man die Beute nach Fundorten getrennt unterbringen kann. In die Flasche werden entweder saubere, staubfreie Sägespäne, Fließpapierschnitzel oder weiße Schaumgummistückchen eingefüllt. Zur Tötung der Käfer dienen verschiedene Chemikalien. Am weitesten verbreitet und für den Amateur am besten geeignet ist der sogenannte „Essigäther“ (Essigsäureäthylester). Kurz vor Sammelbeginn befeuchtet man die Sägespäne, Fließpapierschnitzel oder den Schaumgummi mit ein paar

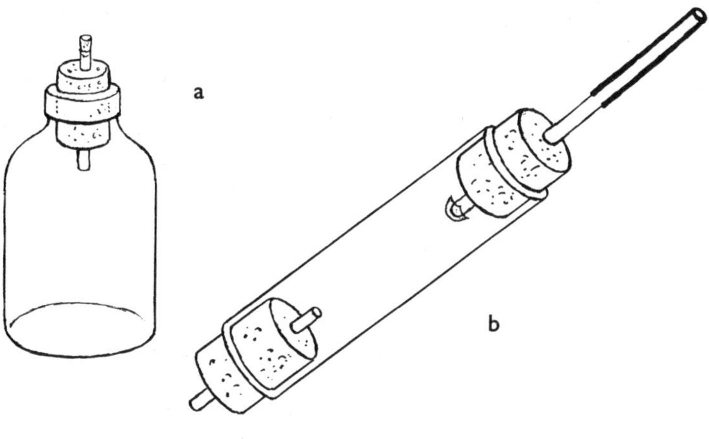

V. Sammlerbedarf
a Tötungsflasche b Exhaustor

Tropfen dieser Flüssigkeit und verschließt die Flasche gut. Die eingefangenen Käfer werden einfach in die Tötungsflasche gesteckt. Nach mehrmaligem Öffnen der Flasche zwecks Einbringung neuer Beute, muß man wegen der raschen Verdunstung des Essigäthers die Dosis erneuern, vor allem an heißen Tagen. Früher wurde zu diesem Zweck meist Zyankali verwendet, ein hochgiftiger Stoff, der wegen seiner Gefährlichkeit immer seltener und nur mit besonderer Genehmigung angewendet werden darf. Manche Entomologen töten Käfer mit Schwefeldioxyddämpfen. Die Gliedmaßen der so getöteten Tiere bleiben zwar beweglich, doch kann man die Beute höchstens einige Stunden in der Flasche lassen, da sich einige Arten bei längerer Schwefeldioxydeinwirkung verfärben.

Anfänger verwenden oft Benzin oder Spiritus, aber das sollte man grundsätzlich vermeiden. Zwar lassen sich Käfer auch auf diese Weise töten, aber sie werden danach sehr spröde und lassen sich nur unter Schwierigkeiten präparieren. Die Sägemehl- oder Papiereinlage hat die Aufgabe, die Beute vor Verunreinigung zu bewahren. Viele Käfer scheiden nämlich Sekrete aus, die von der Einlage aufgesaugt werden und sonst bereits gefangene Tiere beschmutzen würden.

Größere Käfer fängt man am besten mit der Hand, indem man sie seitlich an den Flügeldecken faßt. Dabei muß man aber auf manche, besonders große Laufkäferarten achten, da sie einen unangenehm riechenden, auf Schleimhäuten, besonders in den Augen brennenden Stoff „verschießen“!

Kleinere Käfer fängt man mit einer weichen Pinzette, bei ganz kleinen oder sehr flinken Exemplaren nimmt man den Exhaustor zu Hilfe. Er besteht aus einer Glasröhre, die an beiden Enden mit einem durchbohrten Korken verschlossen ist. In diesen Bohrungen steckt je ein dünnes Glasröhrchen, von denen eins an beiden Enden offen, das andere aber an einem Ende durch ein feines Perlonnetz verschlossen ist und mit dem anderen Ende in einen Gummischlauch mündet. Die Anordnung kann auch so erfolgen, daß beide Glasröhrchen nebeneinander angebracht werden. Gejagt wird folgendermaßen: Man hält das freie Röhrchen über den Käfer und saugt kräftig am Gummischlauch. Der Käfer gleitet in die Röhre, das Netz über dem zweiten Röhrchen verhindert dabei, daß man ihn in den Mund saugt.

Sammelflasche und Exhaustor sind die wichtigsten Hilfsmittel des Sammlers, dazu kommen Luftkescher (oder -kätscher, im Volksmund Schmetterlingsnetz), Insektensieb, Wasserkescher und ein handliches Teesieb zum Fang von Wasserkäfern. Erfahrene Sammler beschaffen sich noch einen Klopfschirm und Erdfallen.

Der Luftkescher besteht aus einem Stab mit einer kreisrunden Drahtkonstruktion von 35—40 cm Durchmesser, an der ein 50—80 cm langer Sack aus festem, aber luftdurchlässigem Stoff angebracht ist. Mit diesem Sack schlägt man nach beiden Seiten durch die Luft, indem man abwechselnd einen Schritt tut und einen Schlag führt. Auf diese Weise fängt man schnell sehr viele Insekten ein, man muß daher die Beute des öfteren sichten und mit dem Exhaustor die gewünschten Arten herausholen. Bienen und Hummeln werden wieder freigelassen.

Das Insektensieb besteht aus zwei gleichfalls kreisförmigen Metallvorrichtungen, die jede für sich einen Handgriff haben. Beide Ringe sind folgendermaßen in einem Sack angeordnet: Der obere, offene Ring sitzt in der Öffnung, der zweite, mit einem Drahtsieb von ca. 1 cm Maschenweite sitzt etwas tiefer, so daß ihre Griffe einen rechten Winkel bilden. Das untere Ende des Sackes wird mit einer Schnur zugebunden. Das Sieb wird mit Holzmulm, Rinden-, Schwemmholzstückchen, Laub usw. gefüllt, dann wird das Material durchgesiebt. Käfer und feinere Teile fallen in den Sack, gröbere Teile werden aufgefangen. Das gesiebte Material wird auf weißer Papierunterlage durchsucht, und die Käfer werden mit dem Exhaustor herausgefangen.

Der Klopfschirm ist eine Vorrichtung ähnlich einem Regenschirm (durch den er sich ohne weiteres ersetzen läßt).

Er wird aufgespannt mit einer Hand unter einen Busch oder Ast gehalten, mit einem Stock werden die Käfer in ihn heruntergeklopft.

Für den Fang von im Wasser lebenden Käfern verwendet man den Wasserkescher und ein Teesieb. Käfer auf der Wasseroberfläche und auf Uferpflanzen lassen sich leicht mit dem Kescher einfangen, schwieriger schon die auf dem Bachgrund hausenden Arten, sie müssen erst aus ihrer Stellung aufgescheucht werden. Den Kescher mit der Öffnung gegen den Strom auf den Bachgrund halten und den Grund aufrühren. Die Strömung erfaßt die aufgeschreckten Käfer und treibt sie in den Kescher.

Erdfallen werden zum Fang fleischfressender Käfer verwendet. Den Boden eines Einweck-Literglases bedeckt man leicht mit Erde und Moos und legt ein Stück Fleisch, Käse oder auch ein Pilzstück hinein. Die Falle wird bis zum Rand in den Boden eingegraben, die Spuren dieser Arbeit werden beseitigt. Die Käfer wittern den Köder, kommen zum Glas und fallen hinein. Die glatten Glaswände verhindern ihr Entkommen. Die Falle muß in bestimmten Abständen entleert und der Köder erneuert werden. Vor Regen schützt man sie am besten mit einem flachen, schräggestellten Stein.

Die besten und ergiebigsten Fangzeiten sind Frühjahr und Sommer. Zu Frühlingsanfang lohnt es sich, die Anschwemmungen von Bächen und Flüssen zu durchsieben, gleichfalls Mulm, Rindenteile und alte Baumstümpfe. Auch die ersten Blüten werden abgesucht.

Mit fortschreitendem Frühling ergeben sich weitere Sammelmöglichkeiten: Abklopfen blühender Schlehen, Sträucher und Laubbäume mit ersten Blättern. Danach kommt die Zeit für den Luftkescher: er kommt auf Wiesen, Lichtungen, Waldwegen und Feldrainen zur Anwendung. Hin und wieder können Gewässer abgesucht werden. Diese drei Fangarten lassen sich den ganzen Sommer über betreiben.

Der Spätsommer ist die geeignete Zeit zum Fallenstellen. Der Herbst bringt nur noch wenige Käferarten, in dieser Jahreszeit beginnt das Sterben. Der Winter eignet sich zu Käferstudien und zum Durchsieben von Ameisenhaufen. Auch dabei erbeutet man leicht eine ganze Reihe von Käfern, die bei Zimmertemperatur wieder aufleben.

Man präpariert die eingefangenen Käfer am besten unmittelbar nach der Rückkehr von der Exkursion. Ist das nicht möglich, so müssen sie provisorisch gelagert werden. Dazu eignen sich flache Pappschachteln, in denen mehrere Schichten Zellstoff Platz haben. (Keine Verbandswatte verwenden, ihre feinen Fasern würden sich in den Fußkrallen verfangen). Die Käfer werden auf die unterste Schicht nebeneinander ausgebreitet, ein Zettel mit Fundort und -datum wird hinzugefügt und das Ganze wird mit der nächsten Zellstoffschicht zugedeckt. Je nach Größe kann man ein bis zwei Lagen Käfer übereinander in einer Schachtel unterbringen. Ebensogut lassen sich Käfer in weithalsigen Flaschen verwahren, die mit staubfreien, sauberen und gegen Schimmel imprägnierten Sägespänen gefüllt sind. Das Material trocknet langsam aus und kann noch nach vielen Jahren präpariert werden.

Präparieren ist eine kleine Kunst für sich, die man sich mit etwas Geschicklichkeit und anfänglich mit sehr viel Geduld aneignen kann. Man sollte darauf achten, daß alle Käfer ordentlich präpariert werden, damit die entstehende Sammlung auch in ästhetischer Hinsicht anziehend wirkt.

Am Anfang steht die Beschaffung des Arbeitsmaterials: vor allem Insektennadeln verschiedener Stärken mit der Bezeichnung von 000 bis 6. Sie sind 38 mm lang und schwarz. Zur Käferpräparierung eignen sich die Stärken 2, 3 und 4 am besten. Kleinere Käfer werden nicht genadelt, sondern auf kleine weiße Pappschildchen geklebt. Am besten eignet sich ein nicht zu dünnflüssiger Klebstoff, jedoch nicht weiße Papier-Klebepasten.

Präpariert wird auf Platten aus Torf oder Styropor, die mit weißem Papier bezogen sind. Praktisch ist die Verwendung von Platten in den Stärken 2 cm und 3 cm. Die

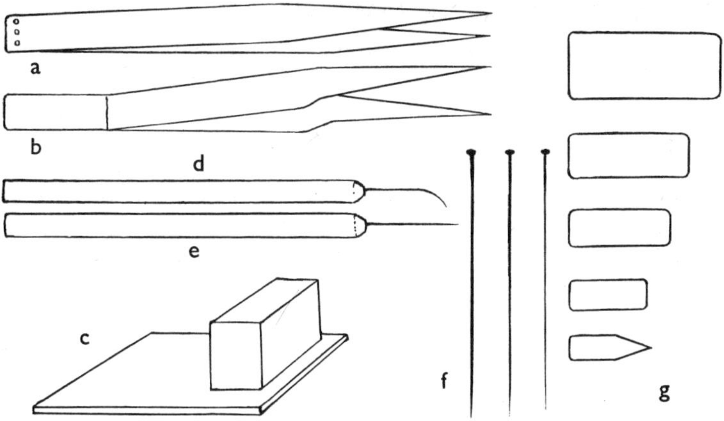

VI. Präparierbedarf
a spitze Präparierpinzette b weiche Arbeitspinzette c Glashalter zum Festhalten des Käfers d, e gebogene und spitze Präpariernadel f Stecknadeln g Klebeschildchen

stärkeren sind zum Aufkleben, die schwächeren zum Nadeln bestimmt.

Zur Präparierarbeit gehört noch folgendes Werkzeug: eine weiche, stumpfe Pinzette, eine Uhrmacherpinzette,

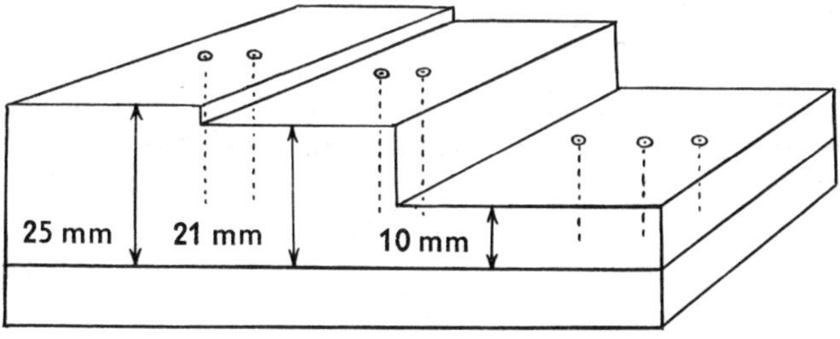

VII. Höhenlehre, dient zum Anordnen der Käfer in gleicher Höhe

ferner eine Lupe oder ein Handmikroskop, feine Haarpinsel, ein Halter und als Höhenlehre ein durchbohrtes Brettchen in den Stärken 25, 21 und 10 mm auf einer Blechunterlage.

Von der Exkursion zurückgekehrt, werden die Käfer auf eine weiße Papierunterlage ausgeschüttet und der Größe nach sortiert. Die größeren werden genadelt, die kleineren aufgeklebt. Exemplare, die 18 bzw. 20 Millimeter überschreiten, werden in der Regel nicht geklebt. Zum Nadeln wird der Käfer mit der linken Hand über die Präparierplatte gehalten und mit der Rechten senkrecht im Oberteil der rechten Flügeldecke durchstochen. Käfer werden grundsätzlich nicht durch den Halsschild oder zwischen den Flügeldecken genadelt. Die Nadel wird mit dem Kopf voran in die 10 mm tiefe Bohrung der Höhenlehre gesteckt und der Käferkörper so verschoben, bis die Flügeldecken das Brett berühren. Auf diese Weise erzielt man einen gleichmäßigen Abstand zwischen Käferoberseite und Nadelende, er wird bei allen genadelten Käfern eingehalten, die dadurch alle in gleicher Höhe sitzen. Jetzt wird die Nadel mit dem Präparat in die Platte gestochen, der Körper wird nicht mehr bewegt. Mit anderen Nadeln werden Beine und Fühler so arrangiert, daß sie nicht zu weit vom Körper abstehen. Erstens könnten sie leicht abbrechen, zweitens könnte sonst der Käfer unästhetisch wirken. Die Fühler werden normalerweise nach hinten gebogen. Nach dem Präparieren läßt man den Käfer auf der Platte etwa eine Woche lang gut austrocknen, da es sonst vorkommen kann, daß die nicht ganz trockenen Gliedmaßen und Fühler unter den Körper sinken.

Zum Kleben wird der Käfer auf den Rücken gelegt, mit der Linken im Halter festgehalten und mit Hilfe eines feuchten, spitzen Pinsels werden die Gliedmaßen und die Fühler ausgestreckt. Dann trägt man am besten mit einem Nadelkopf ein Klebstofftröpfchen auf das Plättchen auf und läßt es einen Augenblick antrocknen. Mit dem feuchten Pinsel wird der Käfer auf den Tropfen gesetzt und leicht angedrückt, damit er gut festsitzt. Nicht zu viel

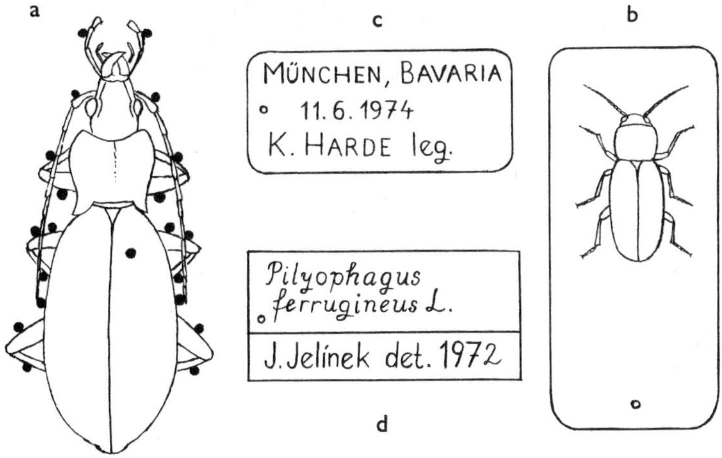

VIII. Aufbereitung der Käfer für die Sammlung
a präparierter großer Käfer (die schwarzen Punkte bezeichnen die Stellung der Hilfsnadeln) b auf ein Schildchen geklebter kleiner Käfer c Fundortetikett (leg. bedeutet legit, d. h. gesammelt) d Bestimmungs- oder Determinationsetikett (det. bedeutet determinavit, d. h. bestimmt)

Klebstoff auftragen, damit er nicht unter dem Körper hervorquillt und den Käfer einhüllt! Der Einheitlichkeit halber darauf achten, daß alle Exemplare auf das Vorderteil der Plättchen kommen. Nach dem Trocknen, etwa einer halben bis einer Stunde, werden Fühler und Beine so angeordnet, daß sie die gleiche Stellung einnehmen wie beim lebenden Tier. Dabei wird anders verfahren als bei den genadelten Exemplaren: Gliedmaßen und Fühler werden vom Körper weg ausgestreckt. Die aufgeklebten Käfer müssen anderntags kontrolliert und gegebenenfalls korrigiert werden. Fortgeschrittene Sammler wissen, daß einige Arten wichtige Bestimmungsmerkmale an der Körperunterseite haben und verwenden deshalb bei ihrer Präparierung perforierte Plättchen, damit die Käfer bei der Bestimmung auch von unten betrachtet werden können.

Vor dem Einordnen in die Sammlung wird jeder Käfer mit einem Fundortetikett versehen. Dazu dient ein kleines weißes Kärtchen, das bei aufgeklebten Käfern nicht größer als das Klebeplättchen sein sollte. Auf dem Etikett werden Fundortbezeichnung, Datum und Name des Sammlers angegeben. Auf dem unteren Rand können auch noch weitere Angaben gemacht werden, wie Meereshöhe oder Wirtspflanze.

Jetzt muß das Plättchen mit dem Käfer noch auf die richtige Höhe gebracht werden. Dazu dient wieder die Höhenlehre. Das Plättchen wird 25 mm hoch geschoben und darunter wird das Fundortetikett 21 mm hoch angebracht. Damit ist die Arbeit fertig und der Käfer kann in die Sammlung eingereiht werden.

Ähnlich wie mit frischem Material verfährt man auch bei der Präparierung trockener Käfer, die ruhig mehrere Jahre zwischen Zellstofflagen oder in trockenen Sägespänen abgelagert sein können. Dieses Material muß jedoch vor dem Präparieren aufgeweicht werden. Zu dem Zweck nimmt man eine Petrischale, in deren Unterteil Flicß- oder Zeitungspapier gelegt wird, das mit Wasser angefeuchtet und mit einem Mittel gegen Schimmelbildung versehen wird. Die Käfer legt man vorsichtig auf das Papier und deckt das Schalenoberteil darüber. Schon nach einigen Stunden sind die Käfer präparationsfähig, bleiben aber stets spröder und empfindlicher als frisches Material. Man kann Käfer auch in Essigsäure aufweichen, aber das Säurebad darf nicht länger als einige Minuten dauern. Zum Aufweichen von Tieren mit fein geschupptem oder behaartem Körper eignet sich Essigsäure nicht.

Anfangs werden Käfer ohne Rücksicht auf ihre Systemzugehörigkeit geordnet. Erst wenn sich mehr Material angesammelt hat, sortiert man sie nach Familien in Insektenkästen ein, in denen sie nun ihren endgültigen Platz finden. Da bekanntlich einige Käfer und andere Insekten (Motten und Staubläuse) das getrocknete und präparierte Material anfallen, muß man die Sammlung vor diesen Schädlingen schützen. Es gibt eine Reihe von Mitteln, am gebräuchlichsten ist Paradichlorbenzol. In jeden Kasten wird eine Dosis dieses Mittels gelegt.

Eine gut geordnete Sammlung bietet jedem Naturfreund viele frohe Stunden. Dabei sollte man stets bedenken, daß ein guter Sammler nie unüberlegt Käfer tötet und an einem Fundort nur eine kleine Anzahl seltener Käfer entnimmt, um das Vorkommen solcher Arten nicht für die folgenden Jahre zu gefährden. Einige seltene und bereits aussterbende Arten sind ohnehin gesetzlich geschützt und ihr Fang ohne Genehmigung ist verboten.

Zum Schluß taucht die Frage auf, was man alles sammeln soll: alle Käfer in einer bestimmten Gegend oder nur Arten einer bestimmten Familie. Anfänger und Laien tun gut daran, wenn sie sich zunächst mit den Käfern der näheren Umgebung befassen; erst erfahrene Entomologen, am besten Fachleute, sollten sich auf das Studium einer einzigen Familie spezialisieren. Diese müssen sie dann aber im Rahmen eines oder mehrerer zoogeographischer Bereiche wirklich vollendet kennen.

WEITERFÜHRENDE LITERATUR

Auber L.: *Atlas des Coléoptères de France, Belgique, Suisse.* I., II., 250 + 272 S., Abb., Verl. N. Boubée Paris 1971

Bechyně J. und B.: *Welcher Käfer ist das?* 133 S., Abb., Franckh'sche Verlagshandl. Stuttgart 1969 (5. Aufl.)

Brandt H.: *Käfer, Hautflügler, Zweiflügler und weitere Insektenordnungen.* 208 S., C. Winter Heidelberg 1960

Burmeister F.: *Biologie, Ökologie, Verbreitung europäischer Käfer.* Krefeld 1939

Burmeister F.: *Coleoptera — Käfer.* In: Exkursionsfauna von Deutschland (Herausgeber E. Stresemann), Insekten, Wirbellose II/1, S. 208—463, Berlin 1970

Calvers Käferbuch (Herausgeber C. Schaufuss), Stuttgart 1916

Crowson R. A.: *The natural classification of the families of Coleoptera.* 187 S., Abb., E. W. Classey Middlesex, Engl. 1967

Freude H., K. Harde und G. Lohse: *Die Käfer Mitteleuropas.* Krefeld. Abb., 1964

Ganglbauer L.: *Die Käfer Mitteleuropas.* 4 Bände, Wien 1892—1904

Hieke F.: *Ordnung Coleoptera — Käfer.* In Urania Tierreich, Insekten, S. 196—283, Abb., Urania Verl. Leipzig—Jena—Berlin 1968

Horion A.: *Faunistik der mitteleuropäischen Käfer.* 1—12, 1941—1974

Horion A.: *Käferkunde für Naturfreunde.* 292 S., V. Klostermann Verl. Frankfurt/M. 1949

Lengerken H. v.: *Die Brutfürsorge und Brutpflegeinstinkte der Käfer.* 383 S., Abb., Akad. Verlagsges. Geest u. Portig Leipzig 1954

Linssen E. F.: *Beetles of the British Isles.* I., II., 304 + 304 S., Fred. Warne u. Comp., London—N. York 1959

Möhres F. P.: *Käfer.* Illustr. E. Reitter. 256 S., Abb., Chr. Belser Verl., Stuttgart 1963

Reitter E.: *Der Käfer — ein Wunder der Schöpfung.* 206 S., Abb., Stuttgart 1960

Reitter E.: *Fauna Germanica.* Die Käfer des Deutschen Reiches. I.—V., Lutz Verl. Stuttgart 1908—1916

Scheerpeltz O. und K. Höfler: *Käfer und Pilze.* 351 S., Abb., Verl. f. Jugend und Volk, Wien 1948

Winkler J. R. und F. Severa: *Taschenatlas der Käfer.* 239 S., Abb., Artia Verl., Praha 1969

Zahradník J.: *Svět brouků (Die Welt der Käfer).* 255 S., Abb., Práce-Verl., Praha 1974

Zahradník J.: *Der Kosmos-Insektenführer.* 320 S., Abb., Franckh'sche Verlagshandlung Stuttgart, 1976

VERZEICHNIS DER DEUTSCHEN NAMEN

VERZEICHNIS DER WISSENSCHAFTLICHEN NAMEN